LA CONDITION INHUMAINE

ESSAI SUR L'EFFROI TECHNOLOGIQUE

DU MÊME AUTEUR

Chair et Métal, Évolution de l'homme : la technologie prend le relais, essai, Montréal, VLB éditeur, 2000 ; traduit en anglais par Evan J. Bibbee et Ollivier Dyens, *Metal and Flesh, The Evolution of Man : Technology Takes Over*, Cambridge, MIT Press, 2001.

Continent X, Vertige du nouvel Occident, essai, Montréal, VLB éditeur, 2005.

Navigations technologiques, livre-cédérom, sous la direction d'Ollivier Dyens, Montréal, VLB éditeur, 2005.

Ollivier Dyens

LA CONDITION INHUMAINE

ESSAI SUR L'EFFROI TECHNOLOGIQUE

Flammarion

ISBN : 978-2-0812-1136-0

À Sonja,
à Alexandre
et à Jean-Marie,
sans qui ce livre
n'aurait jamais vu le jour.

« Toutes les choses terrifiantes ne sont peut-être que des choses sans secours qui attendent que nous les secourions. »

Rainer Maria Rilke,
Lettres à un jeune poète.

INTRODUCTION

Nous disparaissons.

Les mondes qui se dessinent devant nous aujourd'hui sont si étonnants, si singuliers, si prodigieux que la structure même de ce que nous sommes se voit remise en question. Marbrées de technologies, de niveaux infinis de réels, de lectures inhumaines et magnifiques sur l'univers, ces nouvelles sphères du réel nous obligent à réfléchir sur ce que veut dire être humain. Cette réflexion est le défi le plus fondamental de notre époque ; le bouleversement du vivant, de l'intelligent et du conscient étant au cœur des questions, débats et violences qui secouent le monde contemporain. Bien avant les tourments politiques, sociologiques ou économiques, bien avant les luttes et les abrasions entre continents et civilisations, bien avant les corrosions entre religions et hypermodernité, palpite la définition de l'individu. Comment être, comment se décrire, comment se dire humain aujourd'hui face à l'infinie stratification du réel ? Face à la remise en question de l'intelligence, de la conscience et de l'unicité de l'être ? Comment se reconnaître homme ou femme, face à l'immensité bactériologique qui vit en nous, être à part entière sous notre chair ?

Ce sont ces questions que ce livre posera et auxquelles il tentera de répondre selon une perspective, un point de vue inédits : ainsi, la mouvance de l'humanité, les oscillations de sa définition, les vacillations de sa présence seront analysées selon le prisme offert *par le contact entre les réalités*. C'est par la tension qui existe entre la réalité biologique et la réalité technologique que la question de l'humain sera abordée. Pourquoi avoir opté pour une telle approche ? Parce que si redéfinition de l'homme il y a, si reformulation profonde de notre essence il y a, alors prisme nouveau il doit aussi y avoir.

Quel est ce prisme ?

Les êtres vivants existent, originellement, dans ce que le biologiste François Jacob nomme la réalité biologique. Mais depuis la découverte de l'outil par l'homme et surtout depuis un peu plus d'un siècle, l'humain vit aussi dans la réalité technologique. Cette réalité remet profondément en question les universaux qui sont à la base de notre compréhension du réel, du conscient et de l'intelligent. Par cette remise en question, émergent d'innombrables interrogations sur le vivant.

Comment, par exemple, peut-on définir l'humain comme un être autonome et circonscrit alors que des millions d'entités microscopiques vivent en lui ? Alors que la cellule, unité première de l'individualité, est le résultat de la symbiose de deux bactéries ? Alors que les démarcations entre espèces sont des frontières souvent floues et artificielles ? Alors qu'intelligence et conscience émergent, fleurissent et se déploient au-delà de l'individu ? Face à ces innombrables interrogations, les dernières années ont offert de nombreuses études parfois artistiques [1], souvent scientifiques ou philosophiques, sur la transformation de l'humanité. Malheureusement, les propositions mises en avant sont souvent contradictoires, non pas dans leur observation des phénomènes (il y a, cela est indéniable, transformation qui opère), mais bien dans leur lecture des causes et conséquences de ces transformations. Certains y voient l'incarnation d'un néolibéralisme, d'autres l'apparition d'une utopie ; certains craignent l'impact de ces transformations sur l'humanité, d'autres le célèbrent ; certains y découvrent la fin tragique de l'espèce, d'autres la venue d'un meilleur humain.

Dans le premier groupe, nous retrouvons des penseurs, philosophes, journalistes et activistes [2]. Ces chercheurs et penseurs conçoivent la transformation de l'humanité par les technologies comme un phénomène d'une rare gravité qui menace non seulement l'humain mais l'écosystème en général. Selon Bill Joy, par exemple, informaticien de renom qui a participé, entre autres, à la création d'Unix et du langage de programmation Java, notre utilisation effrénée des technologies, dont le contrôle, nous dit-il, nous échappera bientôt, nous plongera dans une transformation dramatique (et tragique) du tissu planétaire. Pour Katherine Hayles, cette transformation est déjà bien entamée, ainsi que le démontre notre utilisation de certains termes et de certaines notions. Ignacio Ramonet voit dans cette transformation l'alliance dangereuse et impitoyable entre technologie et mondialisation. C'est aussi, en quelque sorte, le cas pour Hervé Fischer, selon qui notre relation à la technologie est l'expression de l'ancien mythe de Prométhée dont nous aurions oublié la conclusion tragique. Joel Garreau, quant à lui, journaliste au *Washington Post*, nous rappelle que la transformation actuelle de l'humain est porteuse de trois scénarios potentiels : le scénario de la catastrophe, celui de l'utopie et celui du prévaloir, là où l'humain et la technologie vivent dans un équilibre précaire mais créatif.

Dans le second camp, nous retrouvons surtout des scientifiques, dont les représentants les plus connus sont Ray Kurzweil, Gregory Stock, Marvin Minsky, Jaron Lanier et Hans Moravec (mais aussi quelques penseurs dont Howard Bloom, Steven Johnson, Howard Rheingold et Kevin Kelly). Pour ces derniers, la transformation profonde de l'humanité et son enchevêtrement à l'artificiel ne sont ni des phénomènes nouveaux ou exclusifs à l'humain, ni des événements tragiques. Bloom, Johnson et Kelly, par exemple, montrent que la perception que nous avons de l'individu et de son intelligence tient difficilement la route dans le royaume animal. Abeilles, fourmis, bactéries, les exemples d'intelligence collective et de glissements entre individus et collectivités y sont fréquents. Pour Jaron Lanier, inventeur de la réalité virtuelle, la relation humain/technologie/nature fait preuve, depuis toujours, d'une grande force d'adaptation. Kevin Kelly, quant à lui, nous rappelle que l'idée de coévolution est fréquente dans la nature et sa présence dans la relation entre l'humain et l'artificiel est probablement porteuse de changements positifs. Pour Ray Kurzweil, Hans Moravec,

Marvin Minsky et Gregory Stock, ce changement positif ne fait non seulement aucun doute mais est aussi inévitable.

Alors que proposer ? Où se situer face à ces changements ? Comment aborder cette question de la transformation de l'humanité sans tomber dans le piège de la polarisation, politique ou autre ? Comment examiner l'enchevêtrement de l'humain et de la technologie sans se précipiter dans le fantasme de l'utopie ou de l'apocalypse ?

En modifiant l'angle d'analyse. C'est ce que fera ce livre en abordant la relation humain/technologie non pas à partir d'un programme politique mais bien à partir de la relation et des différences entre réalités biologique et technologique. Ce livre posera la question du malaise que l'humain ressent face à l'incompatibilité des réalités biologique et technologique dans lesquelles il existe simultanément. Pourquoi l'humain est-il si inquiet, aujourd'hui, face aux technologies ? se demandera ce livre. Pourquoi l'homme a-t-il l'impression que les technologies le menacent ontologiquement, métaphysiquement ? Pourquoi tant d'inquiétude alors que la relation entre le vivant et les technologies précède l'apparition de l'*Homo sapiens* [3] et que l'émergence de la civilisation humaine en est dépendante ? Pourquoi ? Parce que les technologies contemporaines, proposera ce livre, remettent en question non seulement la perception que nous avons du monde, mais bien aussi les universaux qui nous ont aidés, à travers les millénaires, à rendre ce monde cohérent et à rationaliser notre présence en celui-ci. Ce n'est pas l'omniprésence des technologies qui nous angoisse, mais bien les lectures du monde qu'elles nous forcent à accepter (là où le cosmos n'est peut-être qu'une série de cordelettes qui vibrent, là où temps et espace se déforment par le poids des étoiles, là où disparaît toute notion de début, de fin, de limite, là où existent des horizons par-delà lesquels les lois physiques s'effondrent). Ce n'est pas l'omniprésence des technologies qui nous alarme, mais ces lectures du monde qui remettent aussi, et surtout, en question la forme, la structure, l'essence même du vivant et de l'humain (comment peut-on parler d'hommes et de femmes alors que la technologie nous dépeint l'individu comme une forme éphémère de strates instables, mouvantes et contaminées ?). La réalité technologique nous fait découvrir un univers non pas insensé, mais dont le sens ne correspond pas à notre perception biologique. La réalité technologique nous montre que l'univers est parfaitement étranger à la perception que nous en avons, que l'information que nous saisissons du monde qui nous entoure par l'entremise de notre biologie est au mieux partielle, au pire un simulacre. De cette incompatibilité naissent un malaise, une angoisse profonde : ce que nous ressentons, voyons, touchons, aimons n'est, semble-t-il, qu'une construction. C'est ce malaise que je nomme la condition inhumaine.

Ce livre n'est ni un réquisitoire, ni un manifeste, ni un pamphlet. Il se veut une lecture et une analyse de la condition inhumaine. Il ne cherchera pas à condamner ou à encenser la technologie, mais bien à utiliser la multiplication des niveaux de réalité qu'elle nous offre pour examiner le vertige contemporain. Parfois le regard posé sera heureux, parfois inquiet. Pourquoi ? Parce que ce livre se laissera guider par l'analyse de ce phénomène qu'est la condition inhumaine. Et si, parfois, cette condition inhumaine suggère d'effrayantes conclusions (l'humain est un mécanisme, l'art est un algorithme, la croissance exponentielle des technologies nous pousse vers une singularité), elle propose aussi une façon nouvelle de comprendre le monde, libérée des tensions et polarisations biologiques, culturelles et politiques bien souvent abêtissantes. La condition inhumaine nous oblige à repenser la condition humaine. Si la conception de l'homme et de la femme qui est la nôtre depuis des millénaires risque de s'y perdre, peut-être seront aussi perdues les luttes animales et violentes que l'humanité se livre à elle-même depuis toujours. Dans la condition inhumaine s'enchevêtrent espoir et désespoir, humain et machine, intention et mécanisme. La condition inhumaine est un cocon. De cette gestation nouvelle entre le biologique et le technologique émergera probablement un sens. C'est à la recherche de ce sens que se lance ce livre.

Chapitre premier

LA MACHINE QUI ENFANTE

Sous une lune cristalline, là-bas, au bout des rafales qui naissent sur les rives du fleuve, jaillit un immeuble construit il y a un peu plus d'un siècle. Dans cet immeuble de sursis, de murmures, de chaises et de lits, au fond d'un dédale de couloirs et d'ascenseurs qui sentent le formol et la douleur, se cache une salle noyée de lumière. Au milieu de cette salle, médecins, infirmières et machines sont en train de donner la vie à un enfant si prématuré qu'il a passé moins de six mois dans le ventre de sa mère.

Tous les jours, partout en Occident, les machines nous protègent du froid, de la canicule, de la faim, de la souffrance et de la maladie. Mais surtout, tous les jours, partout en Occident, des machines autorisent la naissance d'enfants extraordinaires et accouchent littéralement de l'espèce humaine.

Alors qu'aucun enfant né à vingt-quatre semaines ne survivait en 1987, le taux de réussite est maintenant (en 2004) de 33 %[1]. Certains enfants naissent à vingt-trois semaines, d'autres, beaucoup plus rares, à vingt-deux semaines (mais leur taux de mortalité est très élevé[2]).

Chaque jour en Occident, et bientôt dans le monde entier, des êtres humains naissent, survivent, grandissent et meurent grâce à des machines, aux côtés de machines, dans et par des machines. Ce sont les machines qui, aujourd'hui, donnent vie et souffle à notre monde ; ce sont les machines qui, les premières, voient les enfants (par l'échographie), les soignent (de façon intra-utérine), les veillent ; ce sont elles qui, les premières, couvent nos enfants, les touchent, les regardent. Ce sont elles qui les protègent, les secourent et les rassurent. Ce sont elles qui nourrissent leur imaginaire, qui développent leur cortex visuel ; c'est avec elles que se développent de véritables relations amoureuses. Ce sont les machines qui, littéralement, enfantent notre monde. Et qui, de cet enfantement, permettent l'émergence d'un nouvel écosystème, d'une nouvelle espèce : depuis un peu moins d'un siècle, vous, moi, tous ceux qui lisent ce livre, doivent leur vie, leurs guérisons, leur agonie, leur bonheur et désespoir de moins en moins aux êtres qui peuplent leurs désirs et de plus en plus aux machines qui les veillent calmement. Depuis un peu plus d'un siècle, les machines nous donnent vie, nous peignent l'existence, nous plongent dans la mort et font de nous des êtres non pas robotiques, non pas cyberorganiques, mais différents ; des êtres qui dépendent de réseaux, de techniques et d'outils. Des êtres qui dépendent de souffles, de perceptions, de rythmes accélérés, insatiables, machiniques.

L'homme, la femme, l'enfant de cette ère ne sont humains que par leur relation aux machines.

Peut-être est-ce là cette révolution, cette transformation, ce soulèvement paradigmatique dont nous parlons tant, qui nous préoccupent tant. Nous ne vivons pas dans un monde contrôlé par les machines, mais bien dans un univers engendré par celles-ci, une civilisation de plus en plus créée à leur image, pour leurs besoins. Nous voici plongés dans un monde en pleine mutation dont la chair, la substance, le sens deviennent inhumains (dans le sens propre du terme, « qui manque d'humanité, qui semble ne pas appartenir à la nature ou à la condition humaine »). Mais attention, je n'utilise pas ce terme de façon négative. La condition inhumaine qui est la nôtre aujourd'hui est celle de l'homme, de la femme, de l'enfant qui doivent se redéfinir, accepter que leur état, leur être, leur essence ne sont possibles que par le chevauchement entre le mammifère bipède qu'ils sont et les outils, machines et technologies qui les entourent ; elle est celle de l'homme, de la femme et de l'enfant qui perçoivent soudain, par les sciences, les recherches, les couches de réalité qui émergent du ventre des machines, de par l'impossibilité de clairement définir un individu, de circonscrire son principe, de cerner son ontologie, qu'ils ne sont intelligents et conscients que par et grâce aux outils, que sans ces derniers, ils ne seraient toujours que primates, que la révolution de l'*Homo sapiens* n'est pas celle de la taille de son cerveau (à peine plus grand, 6 %, que ceux de ses ancêtres *Homo habilis* et *Homo erectus*, et plus petit que celui de son cousin Neandertal[3]), mais celle de son cerveau *enchevêtré aux outils et aux technologies*.

Soyons clairs : nous n'avons jamais habité dans un monde fait à la mesure de l'humain. Certes, la nature est belle et douce, magnifique de couleurs, d'espaces et de grâces, mais elle est aussi cette dynamique qui génère des parasites et qui pousse les êtres à se blesser et à se tuer. La nature n'a qu'un but, se reproduire, et ne permet qu'une façon d'y arriver : en s'emparant de l'ordre contenu dans les corps. La nature n'est pas faite à la mesure de l'homme (ni à la mesure des animaux). La nature est faite à *sa* mesure et sa mesure est celle de sa reproduction et de sa multiplication, envers et contre tout ; envers les douleurs, les agonies, les renoncements ; contre l'amour, la tendresse, la bonté. Que des êtres aient développé la capacité de souffrir, d'avoir peur, de sentir la peine, la solitude et l'abandon, cela ne fait aucune différence[4]. Nous vivons dans un monde qui n'a jamais été à la mesure de notre conscience, de notre capacité d'imaginer la mort, l'exil, le renoncement, la joie. Dès le premier regard vers le ciel, vers la nuit, vers le corps de l'aimé qui souffre et qui meurt, dès la première question, le premier pourquoi, l'humain a vécu dans un monde qui ignore sa nature, sa mesure. Dès que l'humain a compris qu'inexorablement tout autour de lui, un jour, s'éteindrait, il s'est exilé du monde qui l'entourait. Le dialogue que nous entretenons aujourd'hui avec les machines, la coévolution que nous partageons avec elles, le monde étrange que nous bâtissons à leurs côtés, souvent pour leurs besoins, n'est certainement pas plus démesuré que celui, indifférent et muet, dans lequel nous avons vécu jusqu'à maintenant.

En ce début de nouveau millénaire, en cette ère née le jour de la prise de possession de la civilisation par les machines (si nous avons appris une chose du bug de l'an 2000, c'est que nous ne contrôlons plus le monde qui nous entoure. Le 31 décembre 1999, l'humanité entière, le souffle coupé, attendait le verdict des machines[5]), nous pénétrons dans une civilisation qui, de plus en plus, glisse vers la mesure de ces mêmes machines, une civilisation qui se construit et s'étend à leur taille, une civilisation pour laquelle l'humain n'est ni un ennemi ni un parasite ni un étranger, mais simplement un fantôme, de moins en moins visible, de moins en moins présent. Du moins l'humain tel que nous le définissons, l'imaginons, nous le représentons. Car là est la clé de notre étonnante situation actuelle : pour reprendre possession de notre univers, il nous faut désormais repenser la condition humaine, l'être de l'humain, l'essence de ce mammifère bipède, capable d'empathie, de réflexion, de mensonges et de générosité.

Le monde qui est le nôtre aujourd'hui est un monde qui donne naissance à de nouvelles formes, de nouvelles dynamiques, de nouveaux corps. Nous pénétrons un territoire qui répond à de nouvelles tensions évolutionnistes : celles de l'information, des machines et de la technologie. Nous voici immergés dans un système qui, par la richesse de son information, par la virulence de sa contamination, par la multiplication de ses canaux de propagation, permet l'apparition d'innombrables configurations nouvelles.

Ce que Marc Augé a nommé la surmodernité est un bon exemple de cela. Qu'est-ce que la surmodernité ?

C'est la recherche du sens devant l'excès, l'excès événementiel mais aussi temporel. La surmodernité, ce sont ces lieux, de plus en plus nombreux, qui ne répondent pas aux besoins humains, historiques, mémoriels mais aux besoins technologiques : aéroports, centres d'achats, autoroutes, gares, halls, tous ces lieux dans lesquels nous nous perdons, non pas parce qu'ils sont mal construits ou mal pensés, mais tout simplement parce qu'ils existent, essentiellement, pour répondre à des besoins qui nous dépassent. Déplacements de foules, flot des avions, des trains, des véhicules, mouvements des produits, transhumances, toutes ces dynamiques, dont l'humain ne peut comprendre l'échelle (1 200 vols quotidiens, 415 000 annuellement, uniquement à Heathrow, par exemple), n'existent pas pour le servir mais bien pour répondre à de nouvelles nécessités technologiques.

Les corps plastifiés, machinisés, transgénisés en sont aussi de bons exemples. À quoi correspond cette vague de transformations profondes du corps (à un effet de mode, certes, mais cela n'explique pas tout) ? Pourquoi ces chirurgies esthétiques, ces absorptions d'anabolisants, ces exercices parfois violents, souvent extrêmes, par lesquels les corps se distendent, par lesquels ils s'éloignent de leur humanité (des implants mammaires immenses, des performances sportives aberrantes [6], des corps dont la masse musculaire est insensée, des piercings buccaux, génitaux, sous-cutanés, des ablations de membres sains [7], etc.), si ce n'est pour répondre à un environnement inhumain, où la légitimité de l'organique est constamment remise en question ? Si ce n'est comme réaction à ces bouleversements ? Pourquoi toutes ces transformations, si ce n'est pour sculpter le corps, affirmer et infirmer sa présence ? Que sont ces manipulations, ces quasi-métamorphoses, sinon la conséquence d'un monde qui, de plus en plus, délaisse l'organique ?

Bref, nous voici plongés dans un monde extraordinaire, intrigant, effrayant, un monde engendré par les machines, peuplé d'êtres auxquels les machines ont donné naissance, un monde qui ne correspond plus à l'échelle humaine, dans lequel de nouveaux écosystèmes et de nouvelles formes (de vie ?) apparaissent, un monde dans lequel il est nécessaire de revoir, repenser, redéfinir ce qu'on entend par être humain, par la condition humaine, par vie, conscience et intelligence. Un monde qui nous forcera à considérer les forces technologiques, les régimes machiniques et les réseaux informatiques non plus comme de simples structures artificielles mais bien comme des dynamiques essentielles à l'équilibre de l'écosystème planétaire.

Nous étions, ma femme et moi, arrivés à Paris après un voyage qui nous avait d'abord emmenés à Dublin. Ce petit saut de quatre jours en France, nous le faisions pour le simple plaisir de revoir cette ville si émouvante et pour renouer contact avec quelques membres de ma famille.

Chaque fois que je vais à Paris, je me réserve quelques heures pour plonger, littéralement, dans Notre-Dame, qui exerce sur moi un attrait que je ne saurais tout à fait décrire. Peut-être est-ce cette architecture qui plonge vers le ciel et semble, non pas appeler Dieu, mais bien lui offrir la possibilité de se réfugier en elle, en nous ? Peut-être sont-ce ces vitraux qui sentent la lumière et goûtent les siècles ? Peut-être sont-ce ces centaines de milliers d'âmes qui s'y sont arrêtées, ou perdues, et qui se reposent paisiblement, invisibles et immatérielles, entre les bancs et les petites chapelles ? Je ne sais pas et ne pourrais le dire. Qu'importe. Le plaisir et l'émotion que j'éprouve à pénétrer dans cette cathédrale sont sans pareil.

Cette fois-ci ne fit pas exception à la règle. En fait si, car une chance extraordinaire se présenta à nous, alors que nous marchions lentement, le visage levé, les yeux éblouis, le pas léger dans ce chef-d'œuvre de l'humanité. À l'entrée de la cathédrale, une petite affiche avait été collée. Elle nous invitait à un concert de chants grégoriens le samedi suivant. Je ne suis pas un grand mélomane et je me doutais bien qu'il s'agissait là d'un événement régulier qui sert à renflouer les coffres de la cathédrale avec l'argent des touristes. Mais peu importe, avoir la chance de vivre Notre-Dame, ne fût-ce que pour quelques heures, ainsi qu'elle avait été imaginée, construite, célébrée, c'est-à-dire comme un lieu de culte et d'appels sans fin vers le divin, me semblait être une chance inouïe. Rapidement, ma femme et moi allions acheter nos billets.

Nous ne nous étions pas trompés car le concert fut exceptionnel. Dans cette cathédrale infinie tant elle monte vers le ciel, tant elle nous poursuit de sa beauté et de sa grâce, les voix des chanteurs éclatèrent avec tant de clarté, tant de beauté, tant de passion que les larmes nous montèrent aux yeux. Si pur et limpide était le cristal des voix que nous le ressentions comme une lame qui nous perçait le cœur. Si sobres et si puissants tout à la fois rayonnaient ces chants que nous nous sentions appelés à un au-delà plus violent, plus mystérieux, mais surtout plus profond que tout ce que nous pouvions voir, sentir et aimer autour de nous. Ces quelques chanteurs, de leur voix parfaite, nous entraînèrent, pendant la toute petite heure que dura ce concert, dans ce royaume étrange où soudain l'humain nous paraît autre, plus généreux, plus silencieux et attentif que tout ce que nous sommes, tout ce que nous ressentons. Ce fut, je dois le dire, un des moments de grande beauté de ma vie. Un moment rempli de tout ce qui est organique, de tout ce qui est humain, de tout ce qui blesse l'homme et la femme, de tout ce regard incompréhensible, illisible, invisible que porte le divin sur nous. Ces pierres posées par des bras fatigués prenaient vie, ces vitraux dessinés par des mains blessées irradiaient, ces sculptures taillées par des doigts gonflés tremblaient, ces voix qui ne cessaient de s'élever encore et encore, portées par la magnificence de l'humain fatigué, meurtri, baigné de désespoir et de mélancolie, fécondaient la nuit naissante. Et partout des signes de la conscience qui appelle et qui demande si, là, quelque part, au-delà de la souffrance et de la raison, il y a quelque chose qui la reconnaît.

Ce fut un moment exceptionnel, libre de toute intrusion technologique.

Mais mon histoire ne s'arrête pas là. Car quelques semaines plus tard, nous retournions en Europe, cette fois-ci invités par Ars Electronica, le festival le plus important de son genre dans le monde. Ars Electronica se tient annuellement à Linz, ville de taille moyenne à environ cent quatre-vingts kilomètres de Vienne.

Chaque année, vers la fin août, Linz est prise d'assaut par Ars Electronica à qui elle offre, avec beaucoup de gentillesse, ses places, ses musées, ses centres d'architecture et ses milliers de volontaires.

Le troisième soir du festival, sur la place centrale, Ars Electronica avait invité le Tout-Linz à une représentation en plein air d'Anahat Nad, groupe de musique de Bangalore. Mais il ne s'agissait pas d'un concert habituel, car les musiciens en représentation à Linz étaient connectés, en direct, à d'autres musiciens restés à Bangalore ; télévisions et radios portatives, qui avaient été disséminées au milieu de la foule, retransmettaient en temps réel leur prestation. Pendant plus d'une heure, les deux groupes jouèrent en harmonie, leur voix surgissant, non pas à travers l'espace d'une chambre, d'une salle ou d'une agora, mais bien par-delà mers et continents. Ces chants avaient transcendé la technologie, mais l'émotion qu'ils offraient en était pourtant indissociable.

Ma femme et moi fûmes aussi touchés que quelques semaines auparavant à Notre-Dame... Entourés de machines, plongés dans un festival d'art technologique où ordinateurs, écrans cathodiques, interfaces, souris et claviers nous enveloppaient littéralement de leur puissance, nous imposaient leurs perceptions et représentations, nous ressentîmes une émotion aussi forte, aussi transcendante que celle, totalement dépouillée, de Notre-Dame.

Pourquoi raconter ces deux expériences ? Parce qu'elles décrivent bien la relation que nous avons actuellement au monde et à la technologie. Souvent, nous avons l'impression que le sublime n'est possible que « délivré » de toute technologie et que seul le non-machine donne accès à l'espoir de la transcendance ; cependant, nombreuses sont les fois où nous devons avouer avoir été bouleversés par des expériences qui ne sont possibles que par et grâce à la technologie. D'une représentation musicale à un reportage télévisé, d'une manipulation par logiciel à la réfection d'une photo abîmée, de la précision miraculeuse de certains instruments chirurgicaux aux extraordinaires effets spéciaux qui renouvellent le cinéma, nombreux sont les moments où l'émotion que nous ressentons est, en partie, née d'une intervention technologique.

Et pourtant, nous ressentons une peur profonde ; pourtant, les technologies nous inquiètent, nous troublent ; par elles nous ressentons malaises, angoisses et trahisons (le temps que nous consacrons à vivre aux côtés des machines est un temps que, souvent, nous considérons avoir perdu). Quelque chose change, quelque chose glisse et semble s'éloigner à jamais. Nous sommes dans ce moment, disait l'auteur de science-fiction William Gibson, où nous savons avoir perdu et gagné quelque chose mais ne pouvons dire quoi [8]. Notre monde semble en train de se transformer mais plus grave encore, percevons-nous, de se refaire littéralement. Tout autour de nous, les espèces meurent, les maladies mutent, les écosystèmes glissent, les humains se manipulent, échangent des organes, se sculptent la peau, insèrent des virus en eux pour se soigner [9] ; tout autour de nous, le tissu planétaire semble se modifier si profondément que certains parlent déjà d'une nouvelle étape de l'évolution. Partout, les actes de violence et de générosité, les gestes de grande terreur et de grande beauté, les horreurs et les magnificences semblent se multiplier à l'infini. Quel est ce monde dans lequel nous vivons maintenant ? Quel est ce monde où tout semble à la fois exister au-delà de l'humanité et en être profondément dépendant ? Quel est ce monde où la science, la connaissance et l'obscurantisme font chaque jour plus d'adeptes ? Où le christianisme appartient maintenant aux pays du Sud, où génocides, guerres et tortures semblent participer tout autant du royaume animal que du royaume humain, où riches et pauvres se repoussent sans cesse tout en se chevauchant continuellement ? Quel est ce monde étrange, magnifique et effrayant dans lequel nous vivons aujourd'hui, où machines et technologies enfantent et élèvent l'humanité, un monde sans point d'origine ni taille première, un monde qui permet de voir que l'interstice est infini, que les plis du microcosme rejoignent ceux du macrocosme, que la carte engloutit le territoire et que toute idée d'aboutissement s'éclipse, s'évapore et disparaît ?

Comment parler de l'humain aujourd'hui, alors que tout tend vers une profonde et fondamentale reformulation de ce qu'il est ? Comment définir l'humain si ses frontières sont maintenant poreuses, perméables, souvent invisibles ? Comment parler de l'humain alors que nous n'arrivons même plus à définir les limites de son corps (et ce, sans même parler des limites de son intelligence, de sa conscience) ? Comment parler de l'humain quand l'idée même de raison et de sens devient chimérique, utopique ?

Il est, bien sûr, difficile d'aborder ces questions et de proposer des réponses définitives. Non seulement parce qu'il est extrêmement ardu de porter un regard extérieur sur son monde mais aussi parce que les outils cognitifs que nous possédons, notre corps, nos sens, notre intelligence, ne sont pas faits pour analyser le monde, lui trouver une vérité, des structures, des mécanismes, des emboîtages. Notre corps est fait pour survivre et se reproduire, peu importe l'étrangeté du cosmos, peu importe l'absence de raison, de dieu, de logique.

Nous sommes des êtres finis dans un monde infini. Des êtres délimités (mais le sommes-nous vraiment ? Nous aborderons cette question un peu plus tard), dans un monde où le sens même de limite n'existe pas. Nous sommes des êtres qui respirent dans un univers où l'oxygène n'existe pas (ou si peu). Des êtres pensants, conscients, présents, dans un monde où la pensée, la conscience, la présence, si elles existent, ne sont ni limitées par un corps, ni définies par un espace-temps. Nous sommes l'accident extraordinaire.

Nous tentons de comprendre les couleurs de l'univers les yeux bandés.

Chapitre II

LES RÉALITÉS BIOLOGIQUE ET TECHNOLOGIQUE

Qu'est-ce que la réalité ? Qu'est-ce que ce monde que nous voyons et expérimentons ? Un produit de notre conscience ? Des ombres sur les parois d'une caverne ? La conséquence des mécanismes complexes qui constituent la culture ? Probablement toutes ces réponses à la fois et aussi, inévitablement, ce que nous percevons tous les jours, chaque fois que nous trébuchons, tant physiquement que moralement, chaque fois qu'un être cher meurt, qu'un enfant désiré naît, qu'une maladie nous plie en deux. La réalité peut être un jeu intellectuel, elle peut acquérir un sens par les méandres de la réflexion mais elle est aussi, ne l'oublions jamais, le simple, lourd et inévitable poids physique, dur et inaltérable du monde qui nous entoure.

Qu'est-ce que la réalité ?

C'est en lisant *Signs of Meaning in the Universe*, de Jesper Hoffmeyer, qu'une possible réponse se présenta à mon esprit. À la page 117 de ce livre, Hoffmeyer, citant le biologiste François Jacob, écrit ce qui suit :

> Le monde extérieur, dont nous connaissons tous la « réalité » de manière intuitive, nous apparaît ainsi comme une création du système nerveux. Il s'agit, en quelque sorte, d'un monde possible, d'un modèle permettant à l'organisme de gérer la masse d'informations qu'il reçoit, et de la rendre utile dans la vie quotidienne. Ainsi, il nous faut définir une sorte de « réalité biologique » comme la représentation du monde extérieur que le cerveau d'une espèce donnée parvient à construire.

Je m'arrêtai et relus le passage. Une fois, deux fois, trois fois. Sans cesse, le terme « réalité biologique » me sautait aux yeux. Là, je le sentais, se lovait une partie de cette réponse que je cherchais depuis si longtemps. La réalité serait la création du système nerveux. Il s'agirait là, comme le propose François Jacob, d'un modèle qui permettrait à l'organisme de gérer la somme folle d'informations qui lui vient des sens et de structurer cette information en un tout cohérent. Mais le mot « création » implique une possibilité d'illusion. Et pourtant, une réalité existe indéniablement, ne pouvais-je m'empêcher de penser. Le système nerveux ne crée donc pas le monde mais le lit. Qu'est-ce à dire ?

Qu'il n'existe pas une réalité unique mais bien une « masse » de réalité, une « matière » réalité à laquelle notre système nerveux nous donnerait, partiellement (nous y reviendrons), accès. Mais parler de « réalité » est déjà sauter une étape. En fait, la masse ne deviendrait « réalité » que par l'entremise des êtres qui la croisent. Que veux-je dire ? La masse existe, mais ce sont les êtres vivants qui lui donnent sa narration, sa cohérence, sa forme. Non pas que les êtres vivants font la matière, car celle-ci est là, peu importe si le vivant entreprend sa lecture ou non. Mais les êtres vivants extraient un récit (celui de leur survie) de cette matière. Ce récit devient alors leur réalité. Le fait que tous les êtres vivants partagent une partie importante de leur structure génétique assure un récit cohérent et universel (malgré leurs différences, tous les êtres vivants sont faits d'azote et de carbone, sont sculptés par l'ADN, requièrent un apport d'énergie constant pour maintenir leur équilibre et propagent leur information génétique à travers temps et espace). Ainsi, parce que leur corps partage des caractéristiques essentielles, les êtres vivants font face à des défis de survie qui se ressemblent. De ces défis, émerge une réalité relativement commune (relativement, puisque les défis de survie ne sont pas parfaitement identiques).

Bref, la matière du réel existe, mais c'est la lecture que les êtres vivants en font qui la transforme en réalité. Certes, la réalité est immense et ses possibilités sans fin. Mais puisque tous les êtres vivants partagent une partie de leur biologie, tous les êtres vivants partagent aussi une lecture identique de la matière de base. Un léopard, une fleur, un humain ressentent tous la gravité terrestre, se battent tous contre les pressions de l'environnement, sont tous délimités dans l'espace et le temps. Ce partage, je le nomme la *matière biologique*. La matière biologique serait la dimension de la réalité que tous les êtres vivants ressentent.

Mais la perception de la réalité n'est pas limitée à la matière biologique. Il y aurait, en fait, deux familles de réalité. Celle que tous les êtres partagent (la matière biologique) et celle, sous-jacente à la première, que chaque espèce perçoit à sa façon.

Car si tous perçoivent la matière biologique, chaque espèce vit et se déploie dans une sous-section de la réalité qui lui est propre. C'est ce que j'appelle, m'inspirant du terme de François Jacob, la *réalité biologique*. Qu'est-ce que la réalité biologique ? La perception du monde selon la physiologie de chaque espèce. Si la matière biologique est la dimension de la réalité qui est commune à tous, la réalité biologique, elle, *est la dimension qui est propre à chaque espèce*. Chaque espèce partagerait ainsi une perception collective de la réalité, soit la matière biologique (partage qui permettrait l'émergence d'une réalité universelle : celle de l'écosystème). Mais chaque espèce posséderait aussi une perception unique de la réalité qui serait *sa* vérité.

La réalité biologique est la perception détaillée du monde selon les particularités des sens propres à chaque espèce. Je crois que la meilleure analogie que je puisse faire est celle du spectre de la lumière. Toutes les espèces absorbent la lumière (la matière biologique). Mais chaque espèce en perçoit une partie bien précise (la réalité biologique). Ainsi, si la mouche et l'humain ressentent tous les deux la lumière, la mouche en voit une partie différente (l'humain par exemple, au contraire de la mouche[1], ne peut percevoir les ultraviolets). Il en est de même du chat, du chien, de l'oiseau, du poisson, de l'abeille. Et ainsi en est-il de la réalité. Toutes les espèces perçoivent une réalité générale et commune (la lumière). Mais chacune n'en utilise qu'une partie (le spectre qui lui est visible). La réalité serait donc comme un spectre. Nous n'expérimentons qu'une partie du spectre de la réalité comme nous ne voyons qu'une partie du spectre lumineux.

Voici ce qu'est la réalité biologique : chaque espèce ne perçoit qu'une fine tranche du spectre de la réalité selon ce à quoi ses sens lui permettent d'accéder. Ainsi un chien perçoit le monde surtout, semblerait-il, selon son odorat. Une chauve-souris selon l'écho de ses propres cris. Un requin selon les vibrations dans l'eau. Une abeille selon les danses d'autres abeilles. Un arbre selon le taux d'oxyde de carbone et de lumière. Partout, tout autour de nous, les êtres sont plongés dans leur fine tranche de réalité et naissent, vivent, se reproduisent et meurent dans cette tranche. Partout, chaque espèce a donc l'impression que la réalité qu'elle perçoit est la seule possible, qu'elle est totale, omnipotente, qu'elle correspond à la vérité. Et bien sûr, tel est aussi le cas de l'être humain.

Nous percevons, instinctivement, une réalité qui nous vient de nos sens et dont la source remonte aux dynamiques de l'évolution. Ainsi, le fait que nous soyons, à l'origine, des prédateurs, explique la « poussée » des yeux vers l'avant du crâne (chez les proies, au contraire, les yeux apparaissent plutôt sur les côtés du visage permettant ainsi un angle de vision plus large), le développement de la stéréoscopie et de notre extrême sensibilité visuelle aux mouvements. De là jaillit notre perception du monde comme tridimensionnelle (et naissent les arts et les sciences qui en découlent).

Qui plus est, le fait que nous soyons à la fois des prédateurs et des êtres physiquement faibles (nous courons, sautons, crions, griffons avec moins de force que les autres mammifères), nous a forcés à développer la culture et le langage (dans lesquels nous entreposons nos connaissances) et nous a fait concevoir le monde comme peuplé de signes.

Le fait que nous ayons développé des mains à la forme unique nous a poussés à toucher, sculpter, modeler, graver et nous a fait percevoir le monde comme une matière malléable, pliable, modifiable.

Et ainsi de suite. La forme biologique que nous avons est le résultat de notre interaction avec le vivant. Mais elle est aussi productrice de la lecture que nous faisons sur ce vivant. Et ainsi se développe une boucle de rétroaction : notre interaction avec l'environnement sculpte notre physiologie et notre physiologie moule notre perception de l'environnement. Nous trouvons donc dans la réalité biologique une cohérence et une harmonie. Nous voyons le monde par nos sens, eux-mêmes formés par le monde.

La réalité biologique permet aux êtres humains de poser les bases d'une compréhension fédératrice du monde qui les entoure. Puisque nous avons essentiellement le même corps (nos corps sont si semblables qu'un seul chromosome provoque la trisomie 21, qu'une toute petite atrophie de la glande pinéale ouvre la porte à la cruauté et à la violence extrêmes, qu'un mince dérèglement du niveau de la sérotonine provoque des hallucinations) ; puisque nous sommes génétiquement presque parfaitement identiques (l'humanité entière est génétiquement moins diversifiée qu'un petit groupe de chimpanzés[2]) ; puisque nos organes, nos membres et nos sens sont, à toute fin pratique, semblables ; puisqu'ils perçoivent les mêmes structures de l'univers environnant ; puisque notre naissance, notre existence et notre mort se déroulent selon les mêmes étapes ; puisque notre développement cognitif est identique (et s'est déployé au même moment à travers l'histoire), nous expérimentons le monde de manière analogue. L'être humain voit, sent, touche, entend et comprend de la même façon que tous ses congénères. Certes, si personne ne sait véritablement comment l'autre saisit la réalité, nous savons néanmoins que cet autre perçoit les mêmes différences, les mêmes familles, les mêmes démarcations de la réalité puisque nous nous entendons sur ces familles et différences. Si personne ne sait comment les autres perçoivent les couleurs par exemple, tous, sauf les daltoniens, savent distinguer entre les différentes teintes de couleur, tous savent identifier les couleurs primaires, tous savent ce qu'est un bleu, un bleu clair, un bleu ciel. Nous avons le même corps, la même physiologie ; nos sens filtrent et décodent l'information de la même façon. Bref, nous percevons la réalité de façon presque parfaitement identique.

La réalité biologique de l'être humain, cette réalité du bipède prédateur, utilisant signes et langages pour communiquer, est la même pour tous les êtres humains. Et ainsi arrivons-nous à créer des universaux. Et ainsi arrivons-nous à créer la métaphysique. Et ainsi naissent les arts et la science.

Car que permet ce corps presque identique que partagent les êtres humains ? La reconnaissance (dans le sens de reconnaître) universelle. Je m'explique. Dans cette fine tranche du spectre de la réalité dans laquelle nous sommes tous également immergés, les délimitations et définitions du monde environnant sont identiques. Tous reconnaissent également ce qui vit, ce qui meurt, ce qui est intelligent, conscient, unique. Tous reconnaissent de la même façon ce qui est organique, mécanique, animal, végétal. Tous reconnaissent ce qui est humain de ce qui ne l'est pas. Bref, tous reconnaissent sans difficultés les différentes frontières et délimitations qui peuplent l'environnement (qui peuplent notre tranche du spectre). À moins de s'amuser à débattre de notions philosophiques, personne ne met en doute la différence entre un homme et une table, entre un chien et une mouche, entre un animal mort qui se décompose et un autre vivant qui court. Par et dans la réalité biologique, les différences et démarcations sont claires, parfaitement dessinées, universelles. Aucun d'entre nous ne met en doute le fait qu'un animal qui bondit vers nous, toutes griffes sorties, la gueule ouverte, les crocs menaçants, les muscles tendus, est vivant, unique, intelligent et dangereux. Personne. À un point tel que jamais, jusqu'à tout récemment, n'avons-nous réfléchi à ce qui forme et définit le vivant. Jusqu'à tout récemment, le vivant ne possédait pas de définition scientifique claire car personne n'éprouvait de problème à le reconnaître et à le distinguer du non-vivant.

Et ainsi peuvent naître les grandes questions que se pose l'humanité. Qui sommes-nous, d'où venons-nous, pourquoi souffrons-nous, pourquoi et comment sommes-nous intelligents, conscients, humains ? sont des énigmes sur lesquelles nous nous interrogeons de façon identique car, à la base, nous partageons la reconnaissance de ce qui délimite le vivant du non-vivant, l'intelligent du non-intelligent, l'individu du collectif. C'est parce que nous possédons le même corps, la même physiologie, c'est parce que nos sens, formés par l'évolution, sont identiques et perçoivent le même spectre du vivant, que nous nous interrogeons de façon semblable sur la métaphysique.

Mais cette universalité n'est évidemment pas la vérité. Elle n'est qu'*une* réalité. Et ainsi apparaît la première fracture. Car si l'humain ressent ce besoin incontournable de savoir, il vit et existe aussi dans la (sa) réalité biologique, cette réalité fondée sur des principes de survie et non pas d'exactitude. La réalité biologique, peu importe laquelle (celle du mammifère, de l'insecte, du végétal), ne mène pas à la clarté ou au discernement mais simplement à la reproduction. Et tout ce qui en fait partie subit cette orientation. Ainsi, peu importe pour l'être vivant qui habite sa réalité biologique de comprendre quels sont les mécanismes génétiques et environnementaux qui sous-tendent le comportement du prédateur qui le pourchasse, tout ce qui compte est de savoir reconnaître ce prédateur et de pouvoir réagir au danger qu'il représente.

Qu'est-ce à dire ? Que l'être humain, dans la réalité biologique, comprend, perçoit et lit un monde qui lui paraît cohérent et équilibré (puisqu'il lit ce monde selon des sens sculptés par ce même monde[3]), mais dont les mécanismes fondamentaux ne lui sont pas accessibles. Dans la réalité biologique, sans l'aide d'outils, de technologies ou de sciences, de façon « vierge », rien ne peut permettre à l'humain de savoir que le soleil ne tourne pas autour de la terre ; que la terre n'est pas le centre de l'univers ; que l'univers n'est pas une toile tendue dans le ciel. Pourquoi ce masque sur la vérité ? Tout simplement parce que connaître, ou ne pas connaître, cette vérité, n'a aucun impact sur la capacité de survie de l'humain. L'important est de différencier les saisons et d'en prévoir les cycles, peu importe si les planètes tournent autour des étoiles ou *vice versa*.

En fait, les êtres immergés dans la réalité biologique *ne peuvent accéder à la vérité*, mais seulement à la reconnaissance et à la survie. Edward Osborne Wilson l'a clairement affirmé : *le cerveau est une machine construite non pas pour se comprendre mais pour survivre*[4]. Voilà ce qu'est la réalité biologique. L'être humain qui y est immergé ne comprend pas les mécanismes du vivant, de l'intelligent, du conscient mais il sait les reconnaître car ainsi garantit-il sa survie. De cette reconnaissance émerge la métaphysique, une métaphysique faussée puisqu'elle s'appuie, dès lors, sur la survie et non sur la vérité. Qu'est-ce que le vivant, l'intelligent, le conscient ? Qu'est-ce que l'humain, l'animal, le réel ? sont tout autant de questions auxquelles nous avons tenté de répondre par l'entremise de ces sens et de ces cerveaux qui ne comprennent et ne lisent le monde qu'en y apposant la grille de la survie.

Il me faut cependant mettre un bémol à cette affirmation, car si tous les humains partagent un corps identique, ils partagent aussi l'essor cognitif comme choix évolutionniste, choix qui remet en question la lecture du monde selon la lentille unique de la survie (il est important de souligner ici que si l'humain semble le seul être vivant à avoir fait du développement cognitif sa niche culturelle principale[5], les recherches récentes ont néanmoins prouvé que le développement cognitif/culturel n'est pas exclusif à l'humain et que nombre d'espèces en font aussi usage[6]). De ce développement naît une intelligence qui manipule des signes et des représentations, bref, une intelligence dont l'essence est de manier des reflets (puisque le signe et la représentation sont le reflet d'une chose qui a été). Comment et d'où naît cette intelligence ? Apparaît-elle avant le langage, avec celui-ci, ou en est-elle la conséquence (qui, de la pensée symbolique ou du langage, apparaît en premier[7]) ? Difficile à dire, puisque s'il reste des traces de la manipulation des signes, il n'en reste ni explication, ni histoire. Une chose est certaine, dès les premiers hominidés, le cerveau se met à manipuler des signes. Conséquence ? Une étrange, et nouvelle, intelligence se développe *dont l'essence n'est plus simplement de survivre mais aussi de comprendre*. Une intelligence qui se met alors à chercher les origines des reflets, à les distinguer de leur source et à les isoler de leurs réverbérations. Bref, dès son apparition, l'intelligence humaine se met à chercher les causes profondes de ce qui sous-tend son environnement.

C'est par le langage que l'humain affine cette faculté de discernement (et ce, peu importe si la pensée précède le langage ou *vice versa*). Par la fine manipulation de la source et du reflet que permet le langage, l'humain est non seulement capable de comprendre l'information mais il est aussi capable de la projeter dans l'espace et le temps[8], au-delà de sa sphère biologique immédiate.

Résultat ? L'humain, dont la physiologie et la cognition sont un produit de la réalité biologique, parce qu'il

« choisit » le langage (et le développe [9]), s'engage dans une voie qui va le mettre en conflit direct avec la réalité biologique. En fait, le langage transformera non seulement l'environnement mais aussi le bagage génétique de l'humain, favorisant l'apparition d'*Homo sapiens* dont le cerveau est prédisposé au verbe [10]. Dès le début, l'essence de l'humain sera de distinguer la réverbération d'un phénomène de sa source, alors que la réalité biologique qui produit ce même humain ne cherche que la reconnaissance, peu importe qu'il s'agisse de la source, de son reflet ou de ses réverbérations. Par définition même, dès que l'humain devient humain, dès qu'il se met à réfléchir à ce qui l'entoure, aux causes et origines des dynamiques de son environnement, il s'extrait de la réalité biologique dont il est pourtant le résultat.

Bref, dès le début, l'*Homo sapiens* s'affranchit non pas simplement de son monde (le voilà libéré de la filtration physique qu'impose l'évolution), mais d'abord et surtout de la reconnaissance (instinctive) de ce monde. À l'origine même, il est donc déchirure. D'un côté, il se voit immergé dans une réalité biologique dont l'essence n'est que la survie, et de l'autre, il développe la faculté de distinguer la source du reflet, ce qui met en doute nombre des réalités de sa biologie.

Une parenthèse est ici nécessaire pour préciser que si le développement de la cognition et du langage guide l'humain hors de la filtration physique, ils le mènent inexorablement vers la filtration culturelle. Car si l'accumulation de connaissances permet à l'espèce humaine de se soustraire aux filtrations violentes de l'évolution (combien d'entre nous seraient vivants aujourd'hui si ce n'était grâce à l'ingestion d'antibiotiques ? Combien d'entre nous auraient atteint l'âge de la reproduction si ce n'était grâce aux soins de santé que nous avons reçus ? Et il ne s'agit pas ici d'un phénomène propre à la modernité. Tous les soins, même les plus minimes, agissent sur l'espérance de vie. Dès l'apparition de la théorie de l'esprit, et de l'empathie conséquente, l'humain se met à soigner ses congénères et entame ainsi sa longue marche hors des filtrations de l'évolution), elle le force cependant à se soumettre à un darwinisme culturel qui épargne (ou ignore) les plus faibles physiquement, mais cherche à éliminer les plus faibles cognitivement. Aujourd'hui, par exemple, la quantité d'informations que doit absorber quotidiennement un être humain, et ce peu importe son emplacement géographique, crée une pression évolutionniste importante (encore une fois, il ne s'agit pas d'un phénomène nouveau : dès l'apparition de la civilisation, l'humain subit la pression, et la filtration, de la culture. Les humains qui ont survécu, et dont nous partageons les gènes, sont les inventeurs et les utilisateurs de phénomènes culturels fondamentaux comme l'écriture, l'agriculture et les sciences). Et cette pression ne fait qu'augmenter, une boucle de rétroaction s'étant créée entre civilisation, survie et reproduction. Aujourd'hui, par exemple, pour « réussir » (c'est-à-dire pour assurer son potentiel reproductif), un humain doit non seulement survivre dans un écosystème informationnel sans pitié, mais il doit de plus y dépasser ses congénères. Aujourd'hui, le mâle ou la femelle alpha sont des spécimens qui dominent les autres non pas physiquement mais bien culturellement.

Mais, en fait, qu'est-ce que le langage ? Qu'est-ce que ce phénomène qui déforme le *sapiens* et le transforme en humain ? Qu'est-ce que cette dynamique qui, comme une pousse d'arbre, jaillit partout, sur toutes les terres, sous tous les cieux, au pied de toutes les géographies, peu importent les situations, les tentatives de destruction, les volontés de répression ? Qu'est-ce que le langage ? La question est complexe. Proposons ici, pour les besoins de ce livre, une hypothèse. Le langage est une technologie, une machine, un mécanisme qui, par une série de signes, assemble d'innombrables perceptions, d'infinies possibilités dont l'impact sur le monde physique est si considérable que l'écosystème en est à jamais changé. Le langage est une structure de production et de manipulation des signes qui permet d'observer et d'analyser les phénomènes dans un temps et un espace soudain freinés (et de distinguer ainsi la source du reflet). *Le langage est une simulation de l'environnement*. En lui, l'environnement peut être reproduit puis arrêté, ralenti puis accéléré, redémarré puis modifié. Telle une simulation par ordinateur, le langage offre la possibilité d'explorer la complexité de l'environnement et de notre interaction en ce dernier. Bien sûr, puisque c'est le propre de la simulation, il est impossible d'y reproduire toute la complexité de l'environnement, et l'essence même du langage est donc de schématiser le monde [11] en une simulation compréhensible, linéaire et narrative [12].

Trois points sont à retenir ici :

1. Puisque l'essence même du langage est de rendre l'information qu'il manipule linéaire et narrative (afin de permettre la simulation), peu étonnant qu'il s'agisse

là de la façon la plus commune de concevoir l'univers qui nous entoure ;

2. Si le cerveau est une machine assemblée pour survivre et non pour se comprendre, proposons que le langage, lui, soit une sous-machine (ou méta-machine) de ce même cerveau dont le but n'est pas de reproduire la complexité extraordinaire du monde mais bien de la simuler ;

3. L'humain atteint le niveau élevé de conscience qu'il a aujourd'hui non pas simplement parce qu'il est intelligent (ce que tous les êtres vivants sont à un niveau ou l'autre), non pas simplement parce qu'il est conscient (ce que tous les êtres vivants sont à des niveaux différents), mais bien parce qu'il est capable, par la simulation du langage, de distinguer la source de son reflet. Mais cette capacité n'est possible qu'au prix d'une perte importante. Car si le langage peut simuler la complexité du monde, il ne peut le faire qu'en ignorant une partie considérable des informations captées par le cerveau (les sens humains acquièrent plus de onze millions d'éléments informationnels à la seconde, alors que le cerveau n'est conscient, au plus, que de quarante d'entre eux [13]). Qu'est-ce à dire ? Soit que le cerveau permet, par cette filtration de l'information, la création du langage (qui, face à une quantité d'informations moins importante, peut alors simuler le monde), soit que le langage, par cette nécessité de simuler, force le cerveau à filtrer l'information [14].

Mais si une partie importante de l'information captée par le cerveau ne parvient pas au langage, elle n'en reste pas moins captée. Une couche considérable d'informations resterait ainsi en deuxième plan, latente mais présente, dans notre cerveau. D'où, peut-être, l'émergence d'un subconscient (sous le conscient mais aussi sous le langage, c'est-à-dire non simplifié par le langage. Le subconscient serait cette matière captée par le cerveau mais non simulable par le langage) qui perçoit et ressent le monde de façon plus « exhaustive » que le conscient. Certes, tous les êtres vivants filtrent l'information qui parvient à leur cerveau, mais seul l'humain, manipulé par le langage, le fait à un point tel que se déclare un subconscient. Ce serait parce que l'humain parle qu'il aurait un subconscient, car l'outil langage forcerait le surplus d'informations (qu'il ne peut simuler) vers la périphérie.

Cette filtration est fondamentale. En fait, son importance est telle que ceux qui en sont, en partie du moins, dépourvus, sont sujets à de violents problèmes, dont l'autisme n'est que l'exemple le plus frappant. Si personne ne sait encore tout à fait ce qui provoque cette condition, des recherches récentes, qui ont souligné la croissance anormale et précipitée du cerveau autiste (comparée à celle d'enfants d'âge comparable), suggèrent que l'incapacité du cerveau à filtrer l'information serait peut-être une des raisons du comportement singulier que provoque cet état[15]. Devant le raz-de-marée d'informations qui agresse constamment leur cerveau, les enfants autistes se réfugieraient dans un mutisme et une isolation qui fait figure d'oasis. Les autistes apprennent d'ailleurs à parler beaucoup plus tard que les autres enfants, le mécanisme de filtration ne se mettant en place que tardivement (et malhabilement). Il est intéressant de noter, à ce sujet, les propos de Temple Grandin. Cette chercheuse américaine, professeure à l'université du Colorado, elle-même autiste, explore et analyse la psychologie animale selon le prisme que lui offre sa condition. Selon Grandin, la différence entre les comportements humains et animaux serait une conséquence de la capacité à filtrer l'information. Grandin va même plus loin et suggère qu'animaux et autistes perçoivent le monde sensiblement de la même façon. Alors qu'animaux et autistes se focalisent sur les détails et construisent leur perception du monde au moyen d'une accumulation de ces détails, les non-autistes, eux, se représentent ce même monde de façon plus globale et moins minutieuse. Les non-autistes chercheraient ainsi à se créer une image de ce qui les entoure au moyen d'un balayage cognitif qui négligerait les détails en faveur d'une vue d'ensemble du moment *(the big picture)*. Selon Grandin, le fait qu'autistes et animaux ont accès à toute l'information qui pénètre leur cerveau les rend certes plus fragiles aux transformations de l'environnement, mais les libère aussi de l'inconscient et surtout de toute nécessité de répression de cet inconscient [16].

Simulation, filtration, rupture, langage et subconscient, l'être humain, par définition même, et ce, dès son apparition (en tant qu'*Homo sapiens*), existe donc à la fois comme produit de la réalité biologique (comme produit de l'évolution) et comme produit de ce que j'appelle *la réalité technologique*.

Qu'est-ce que la réalité technologique ? Si la réalité biologique est la perception du monde selon les sens et la physiologie propres à chaque espèce, la réalité technologique est la perception du monde selon les sens humains *et* technologiques (et j'entends « technologies » de façon très large ici : tout ce qui est construction et qui transforme soit la matière, soit la perception, bref tout ce qui est machines, moteurs, outils mais aussi langages, sciences et même arts). Que fait la réalité technologique ? Elle permet :

1. De simuler le monde (par le langage qui donne naissance aux arts, philosophie, sciences, etc.) et de le rendre, littéralement, lisible[17] ;

2. De regarder le monde qui nous entoure et *d'y voir d'autres tranches du spectre de la réalité*. Grâce aux sens supplémentaires que nous donne la réalité technologique, de toutes nouvelles perceptions nous sont accessibles (les plus anciennes étant celles du temps et de l'espace, puisque la réalité technologique, par le langage puis par les mathématiques, a permis de « ralentir » le temps et de « diminuer » l'espace).

Depuis un peu plus d'un siècle, par la multiplication des outils, machines, mécanismes, sciences et communications, la réalité technologique nous donne accès non plus simplement à l'observation du temps et de l'espace mais bien aussi à leur exploration. Par la réalité technologique moderne, nous pouvons maintenant « plonger » dans le microcosme et le macrocosme et accéder ainsi aux tranches de réalité des insectes, des bactéries, des virus, des gènes, protons, neutrinos, atomes, galaxies et trous noirs. Bref, grâce à la réalité technologique moderne, nous avons accès à l'infinie stratification des couches de la réalité ainsi qu'à la réalisation de leur présence concomitante et de leur fertilité (non seulement toutes les couches de réalité, de l'infiniment grand à l'infiniment petit, existent-elles en même temps, mais elles sont aussi toutes fécondes d'autres couches. Plus observe-t-on et déchiffre-t-on des couches de réalité et plus celles-ci dévoilent-elles d'autres couches).

Mais depuis un peu plus d'un siècle, la distance entre réalité biologique et technologique s'est agrandie. Elle est aujourd'hui si importante que l'on peut parler d'une véritable dislocation entre ces niveaux de réalité.

De quand peut-on dater cette dislocation ? L'utilisation de dates précises dans l'évolution de phénomènes ou de tendances est toujours risquée. Qui peut vraiment désigner le moment exact où quelque chose commence à être ? Mais pour les besoins de ce texte, choisissons un moment précis (et subjectif). Proposons deux dates, en fait : le 24 novembre 1859 et le 6 juillet 1885. Le 24 novembre 1859, Darwin publie *De l'origine des espèces*[18]. Le 6 juillet 1885, Pasteur inocule à Joseph Meister le vaccin contre la rage.

Pourquoi mentionner Pasteur ? Parce que si l'humain savait, depuis des siècles, qu'un microcosme existait, pour la première fois, grâce à Pasteur, ce microcosme apparaît littéralement. Par Pasteur, l'invisible fait son entrée dans la réalité humaine ; pour la première fois, l'invisible devient une dimension tangible ; en fait, pour la première fois, l'enchevêtrement de deux niveaux de réalité (humaine et virale) se voit exposé au vu et au su de tous.

Mais presque trente ans auparavant, Darwin publie *De l'origine des espèces*. Par ce livre, Darwin propose non seulement l'historicité de la création et l'emboîtage du vivant, mais il suggère aussi qu'il existe des niveaux de réalité que nous ne voyons pas, que nous ne comprenons pas, auxquels nous n'avons pas accès *sans la réalité technologique*. C'est par la réalité technologique des sciences naissantes de la géologie et de l'histoire naturelle que Darwin peut cristalliser cette nouvelle perception qu'est l'évolution. Certes, la filiation entre espèces est souvent visible à l'œil nu. Mais le fait qu'il y a une histoire millénaire de laquelle émerge cette ressemblance n'est pas accessible à l'humain. Qui plus est, si l'idée du temps sans début ni fin, du temps infini et éternel, est possible par le langage et existe probablement dès que les humains se mettent à communiquer, personne, avant Darwin, n'a accès à la matérialisation et *à la présence* de cette idée dans la réalité biologique. *De l'origine des espèces* démontre qu'il existe un temps fabuleux (presque mythique), qui dépasse tout ce que l'humanité peut comprendre ou envisager et que ce temps est, lui aussi, producteur de réalités. *De l'origine des espèces* permet de voir de nouveaux spectres de réalité et nous fait comprendre, concrètement, que nous n'existons que dans *un* de ces spectres.

Évidemment, Einstein abordera cette question un peu plus tard lui aussi en affinant, en quelque sorte, cette multiplication des réalités (par la théorie de la relativité, la fibre même de la réalité biologique, l'inaltérabilité du temps et l'autonomie de la matière, n'est plus qu'une des nombreuses couches du réel). D'ailleurs, ce sont moins les théories de la relativité et de l'évolution qui provoquent la révolution paradigmatique du début du XXᵉ siècle que l'idée que la réalité est faite d'innombrables strates, d'innombrables dimensions, que ce que nous voyons et entendons, ce que nous ressentons, ne sont que des fines tranches de ce spectre immense qu'est le réel. Par Einstein, Pasteur et Darwin s'immisce, dans l'imaginaire commun, le littéral déracinement de la réalité : la voici soudain qui n'est pas aussi ancrée à notre perception du monde que nous l'avions cru. La réalité, nous disent ces trois grands scientifiques, est une mosaïque sans fin et sans forme définitive qui, toujours, ne cesse de se plier et de se déplier.

D'autres moments importants annoncent la venue du réel technologique et illustrent la dislocation conséquente des réalités. L'invention du premier ordinateur, *The Difference Engine*, par Charles Babbage en 1822, marque ici un point tournant.

L'histoire de l'ordinateur (et l'histoire du traitement de l'information dont il est le reflet) est d'ailleurs significative à ce niveau. Si, comme le propose Robert Logan, le langage humain fait son apparition au moment où la quantité d'informations présente dans le monde environnant devient trop importante pour être gérée par les outils biologiques [19], alors l'apparition de l'ordinateur est le signe d'une profonde révolution (dislocation). Pourquoi ? Parce que l'impulsion qui mènera à sa création émerge, là aussi, d'un problème de traitement de l'information. Ainsi, si Babbage dessine et construit *The Difference Engine* afin de résoudre l'inexactitude des tables à calculer qui, préparées par des calculateurs (des « computers ») sont, bien sûr, truffées d'erreurs, c'est qu'il devient de plus en plus nécessaire, dès le début du XIXe siècle, de mieux contrôler l'information. Quelques décennies plus tard, Herman Hollerith se trouve lui aussi face à un grave problème de traitement de l'information. Travaillant au recensement américain, il s'aperçoit assez rapidement que gérer l'information en un tout cohérent requiert un temps de plus en plus important (le recensement de 1880 prend sept ans avant d'être complété) qui, bientôt, dépassera les dix ans qui séparent un recensement de l'autre. Il cherche alors une manière de traiter l'information de façon mécanique. Il invente les cartes perforées, ce qui permettra, en trois mois, de faire la somme des informations recueillies lors du recensement de 1890. Un demi-siècle plus tard, lors de la Seconde Guerre mondiale, l'armée américaine se trouve elle aussi confrontée à un grave problème de traitement de l'information. Ses tables de trajectoires d'obus de canons deviennent trop nombreuses et les « computers » humains qui s'en occupent (des femmes) sont dépassés par l'étendue de la tâche. De ce besoin naît le premier ordinateur électronique fonctionnel : l'ENIAC (qui ne sera terminé qu'après la guerre), dessiné et construit par J. Presper Eckert et John Mauchly.

Au même moment, un brillant mathématicien du nom d'Alan Turing fait son apparition. Né en 1912 à Londres, il connaît une carrière courte mais éclatante (il se suicide en 1954). Nous devons à Turing l'invention théorique de la machine universelle, cette machine qui posera les bases de l'informatique moderne. Nous devons aussi à Turing une bonne partie de la victoire des Alliés lors de la Seconde Guerre mondiale puisqu'il réussit à décoder les codes secrets nazis (produits par Enigma, une machine à codes aléatoires). Mais au-delà de ces extraordinaires réussites, la contribution la plus importante de Turing est d'avoir compris qu'une machine construite d'une certaine façon pouvait non seulement être programmée pour exécuter des instructions mais que ces dernières pouvaient être codifiées en symboles. Bref, qu'une machine pouvait manipuler des symboles, ou des représentations, comme le fait le cerveau humain, et qu'elle pouvait donc, potentiellement, faire à peu près tout ce que fait l'être humain[20].

Que se passe-t-il donc de Babbage à Turing, en passant par Eckert et Mauchly ? Comme cela est le cas à l'aube de l'humanité, la civilisation humaine, à partir du XIXe siècle, se trouve confrontée à un problème de surinformation. De l'industrialisation à la cosmologie en passant par la génétique, l'urbanisation et la médiatisation, les deux derniers siècles sont marqués par ce phénomène qu'est l'explosion démographique, militaire, scientifique et artistique de l'information. À un point tel qu'un des défis majeurs auxquels nous faisons face aujourd'hui est la surabondance de l'information. Qu'est-ce à dire ? Que nous atteignons un point de notre histoire où le langage humain n'est peut-être plus suffisant pour régir les raz-de-marée informationnels auxquels nous sommes quotidiennement confrontés. Nous voici au même point de rupture que les *Homo sapiens* de Logan[21]. Incapables de gérer de façon efficace l'information qui nous entoure, nous devons créer, inventer, procréer un nouveau langage. Et ce langage est celui de l'informatique.

Le langage informatique permet de répondre à l'état de surdose informationnelle. Comme le langage humain, il offre une structure qui absorbe, traite et interprète l'information.

Ainsi, depuis l'avènement de l'ordinateur, et surtout depuis le développement de la programmation (dont l'origine remonte à Ida Lovelace, collaboratrice de Charles Babbage et fille de Lord Byron), nous voici immergés dans un langage nouveau, profondément différent, un langage qui nous fait voir le monde d'une façon étrangère, qui nous permet non seulement de comprendre mais aussi de multiplier le flux extraordinaire d'informations qui nous entoure (ce qui nous rend cependant de plus en plus dépendants de ce langage : nous parlons aujourd'hui informatique avant bien d'autres langues). C'est par ce langage que sont possibles la physique quantique, la théorie du chaos, le décryptage du génome humain, la télécommunication, la manipulation de l'infiniment petit et de l'infiniment grand. C'est par ce langage que se transforment les relations humaines, l'interaction entre l'humain et son monde, la perception que nous avons de l'univers qui nous entoure. C'est par ce langage qu'émergent les nouvelles donnes économiques (les échanges boursiers instantanés, la mondialisation, le traitement des stocks et des transports). L'universalisation de la langue anglaise en effraie plusieurs. D'autres souhaitent la venue d'un nouvel espéranto qui permettra à la civilisation humaine de s'épanouir réellement. Mais l'espéranto est déjà parmi nous, parfaitement enchevêtré à la civilisation et à presque toutes les activités humaines. Et cet espéranto, c'est le langage informatique.

En fait, par le langage informatique, nous voici manipulant plusieurs couches symboliques à la fois. Non plus simplement celle du langage humain et de ses représentations, mais aussi celles de l'interface, du système d'exploitation, de la programmation et du langage machine. Nous ne parlons plus simplement des langues humaines, nous ne manipulons plus simplement des symboles et représentations humaines, nous manipulons aujourd'hui d'innombrables couches symboliques et représentationnelles qui procèdent du langage machine. Qu'est-ce à dire ? Que si le langage humain est la présence de l'absence (le mot, le symbole, représentent un objet, c'est-à-dire qu'ils montrent que l'objet n'est pas là), les langages humains/informatiques sont *l'absence de la présence* puisqu'il y a régression infinie des symboles sans véritable lien au référent. Dans les innombrables couches du langage informatique, le signe informatique ne représente pas « quelque chose » du monde vivant (un objet, un animal, un comportement, une structure), mais « quelque chose » du monde technologique (d'où la dislocation entre les réalités). Le mot que je tape à l'écran de mon ordinateur est traduit par le langage de programmation de mon logiciel de traitement de texte, la structure de ce logiciel est traduite par le système d'opérations, lui-même dépendant d'un langage de programmation dont toutes les fonctions et commandes n'ont qu'un seul effet : produire du langage binaire, c'est-à-dire produire une série de pulsions électroniques. Bref, le référent du mot que j'écris est une série de pulsions électroniques. Le langage informatique que nous utilisons a donc deux effets bien distincts :

1. Il éloigne le langage humain de son lien avec le monde réel (puisque ce langage n'a maintenant d'effet sur le monde réel que plusieurs fois filtré et traduit) ;

2. Il traduit toute manipulation symbolique (humaine ou machine) en une série de pulsions électroniques.

Certes, le langage humain a toujours été filtré et traduit, que ce soit par les rituels, les religions ou les diverses technologies de la communication dont il s'est servi. Certes. Mais jamais, jusqu'à maintenant, nous n'avons assisté à une traduction si universelle. Par l'informatique, toute activité langagière humaine est maintenant interprétée puis transformée pour être « comprise » par les machines. Par l'informatisation de notre monde, nous traduisons la structure symbolique de l'être humain pour la rendre compréhensible par les machines. Nous vivons dans un monde où notre langage n'a de poids et d'existence que constamment resymbolisé et traduit.

Il est intéressant de noter ici (ainsi que je l'ai mentionné plus tôt), que le langage est, lui-même, une technologie et que, dès son apparition chez l'humain, il a comme effet de traduire et de symboliser le monde. Mais une différence profonde marque cette apparition du langage et celle de l'informatique. Le langage humain désigne le monde. Le langage informatique désigne le binaire. En fait, la machine qu'est le langage humain interagit avec l'homme, « bouge », se déplace, avance en interaction avec lui. Le langage informatique, lui, interagit et parle à d'autres langages informatiques. Le langage humain permet la communication entre humains ; le langage informatique permet la communication entre machines d'abord puis, éventuellement, une fois traduite et resymbolisée, entre humains.

Certes, cette transformation n'est pas visible dans la vie de tous les jours ; certes, nous continuons à vivre, à parler et à interagir entre nous comme si de rien n'était. Mais cette traduction/resymbolisation du langage n'est ni innocente, ni libre de conséquences. Par la traduction/resymbolisation du langage humain, le monde que nous percevons se transforme. D'un monde perceptible, réel, tangible, un monde concret, fait de « choses » qui réagissent et agissent, un monde que le signe peut, clairement et directement, représenter (le signe « chien » désigne le chien), nous passons à un monde fait de couches innombrables et infinies où jamais on ne peut circonscrire la réalité. Par la traduction/resymbolisation du langage humain par le langage informatique, nous plongeons dans un monde sans origine ni fin, sans début ni commencement, un monde à « pâte feuilletée ».

Voilà ce qu'est la réalité technologique.

La réalité technologique est la lecture du monde par les technologies, les machines, les sciences et l'informatique ; la réalité technologique est la lecture du monde par l'entremise de nouveaux langages et de nouveaux sens. Que dit cette lecture du monde ? Que le réel existe aussi au-delà de la dimension biologique et que la structure cognitive, culturelle et civilisationnelle, que nous avions bâtie sur les fondations organiques, ne tient plus.

La réalité technologique transforme profondément notre relation au monde, non seulement dans la façon dont nous le captons, non seulement dans la façon dont ce monde accède à notre conscience (qu'arrive-t-il quand le cerveau doit lire, gérer et structurer une information qui lui vient des machines, des technologies, des couches de réalité auxquelles il n'a pas, *normalement*, accès ?), mais aussi dans la façon dont ce monde est représenté, c'est-à-dire dans la façon dont il est filtré par l'être et sert de miroir à celui-ci. La transformation de notre perception et représentation du réel nous affecte violemment car elle transforme ce qui nourrit notre ontologie.

Si, par exemple, l'être humain, par la réalité biologique, peut facilement définir le vivant et le distinguer du non-vivant, cela s'avère beaucoup plus difficile par la réalité technologique. Ainsi, entre un homme et une table, personne, au niveau de la réalité biologique, n'hésite à désigner l'homme comme vivant et la table comme inanimée. Personne non plus n'hésite à définir l'homme comme *un* être intelligent et conscient qui habite un temps linéaire et un espace distinct et non modifiable. Et cette certitude est telle qu'elle nous permet de bâtir notre compréhension du monde et nos absolus. Cet homme est l'essence de ce que nous comprenons et de ce à quoi nous croyons au niveau de la réalité biologique : c'est un être vivant, sexué, intelligent, conscient, agissant de façon volontaire, existant pour une période de temps limitée dans un espace défini et tridimensionnel. Nous pouvons noter à quel moment cet homme naît et meurt, nous pouvons tracer et désigner les limites de son corps, les limitations de son espèce.

Mais par la réalité technologique, toute cette structure de pensée, tout cet édifice de compréhension est remis en question. Car si la différence entre un homme et une table est claire au niveau de la réalité biologique, qu'en est-il au niveau de la réalité atomique par exemple, là où les distinctions n'existent plus entre l'homme, la table, le mur, la chaise, d'autres êtres humains ? Qu'en est-il de cette différence au travers de ces innombrables autres réalités que la technologie nous permet de voir, d'examiner, de regarder ? Ces réalités génétique, quantique, cellulaire, macroscopique s'enchevêtrent les unes aux autres et échappent à toute tentative de hiérarchie (quelle couche de réalité est la plus importante ?). Tous les niveaux de réalité proposent une redéfinition, tous nous font accéder à des structures fondamentales qui remettent en question nos universaux. Que voyons-nous, par exemple, d'un être humain au niveau microscopique ? D'innombrables cellules qui semblent former la base de cet être vivant. Mais que sont ces cellules ? Des bactéries qui auraient fusionné il y a plusieurs millions d'années (suggère la biologiste américaine Lynn Margulis). L'essence biologique de cet humain serait donc bactériologique ? Nous ne serions, êtres vivants, qu'une structure bactériologique complexifiée[22] ? Poursuivons notre examen. Que découvrons-nous ? Que l'estomac est bien plus un écosystème bactériologique qu'un organe ? Que sans la colonie de bactéries qui s'y torsadent nous ne pourrions survivre ? Que faire alors de ces bactéries ? Comment les intégrer à notre compréhension du monde et de l'individu quand nous savons que la somme de leur bagage génétique est cent fois plus importante que le génome de l'individu en lequel elles se terrent[23] ? Est-ce donc dire que nous sommes, d'abord et avant tout, une masse bactériologique ? Que le génome humain est parasitaire du génome bactériologique ? Si l'essence d'un être vivant est d'être véhicule de survie de ses gènes (ainsi que le propose l'éthologue Richard Dawkins), alors l'humain serait essentiellement (à 99 %) un véhicule de survie de gènes bactériologiques ? L'homme que nous examinons avec la réalité technologique est-il un individu ou une agglomération d'individus (cellulaires, bactériologiques, viraux, etc.) ? Est-il un individu ou une collectivité[24] ? Qu'est-il, en fait ? Que représente-t-il ? Quels intérêts physiologiques défend-il ?

Continuons notre exploration. Ouvrons cet homme et cherchons ce qui, en lui, est vivant. Que trouvons-nous ? Du sang, des hormones, une série de composants chimiques, des masses de tissus qui forment muscles, organes, tendons. Mais où trouvons-nous le vivant ? Où se cache cet être qui semble vivre à l'intérieur de nous ? Le seul vivant que nous pouvons voir ce sont, justement, ces millions de bactéries qui vivent confortablement dans l'estomac. Et peut-être aussi quelques virus. Mais ne désespérons pas et continuons, peut-être trouverons-nous plus loin la réponse à notre quête. Montons donc au cerveau. Qu'y voyons-nous ? Une autre masse de tissu, mais celle-ci pliée et repliée, dépourvue de nerfs et traversée d'innombrables courants électriques. Peut-être trouverons-nous quelque chose à l'intérieur de cette masse. Ouvrons-la. Qu'y voyons-nous ? Des neurones, des dendrites, du tissu et encore et toujours des courants électriques. Mais où est l'intelligence ? Où est la conscience ?

Où se love le vivant, tant chez l'homme que chez l'animal ou le végétal ? Où se love la conscience ? Dans la somme étrange et émergente de ces innombrables morceaux qui forment un être vivant ? Dans la somme de ces innombrables entités différentes qui y habitent, y coévoluent ? Où se trouve la vie ? L'intelligence ? Certes, nous pouvons facilement reconnaître le vivant et l'intelligent mais comment les définir, comment les délimiter, les distinguer d'autres vivants, d'autres intelligents, des innombrables tentatives de créer l'intelligent et le vivant dans et par la machine ?

L'être humain ne sait pas définir le vivant, car sa reconnaissance nous a toujours été facile, instinctive. Nous savions distinguer un tigre qui nous pourchassait d'un tigre endormi ou mort. Nous savions différencier le vivant animal du vivant végétal ; le vivant du malade, le vivant de l'agonisant et, bien sûr, du mort. Et cette reconnaissance, à peu de chose près, était si efficace que nous l'avons prise pour de la connaissance. Et peut-être avions-nous, en partie, raison, car au niveau de la réalité biologique la distinction est infime.

Certes, dès l'apparition du langage, dès que l'humain s'est mis à réfléchir, les questions sur la structure et la définition du vivant ont été posées. Mais toujours ces questions étaient posées à partir de l'information fournie par les sens. Et si plusieurs hypothèses différentes étaient proposées, aucune n'entrait en contradiction profonde avec la réalité biologique (même les postulats chamaniques sont fondés sur la structure du sommeil et de l'hallucination, structures qui appartiennent à la réalité biologique).

Voici que nous nous retrouvons aujourd'hui sans réelle définition du vivant au moment où nous en avons le plus besoin. Qu'est-ce que le vivant ? se demande la science. (Selon Doyne Farmer, la vie serait une série de comportements et de caractéristiques, tels la reproduction, l'emmagasinage des gènes, le métabolisme, l'interaction, l'interdépendance des organes, la stabilité, la capacité d'évoluer et celle de mourir.)[25] Et encore faudrait-il ajouter : à quelle échelle pose-t-on la question ? Mais plus encore, où commence et où se termine le vivant ? Et comment peut-il y avoir intelligence et conscience, si la plus grande partie du calcul cognitif qui sous-tend la prise de décisions est inconsciente[26], si le mouvement du doigt est plus rapide que la volonté de faire ce mouvement[27] ?

Pendant des centaines de millénaires, la réalité biologique, si elle nous a refusé la vérité d'un phénomène, nous a offert, en contrepartie, la reconnaissance de celui-ci. Nous ne pouvions peut-être pas dire comment était fait un tigre mais nous pouvions le distinguer du lion, de l'arbre ou de l'insecte.

Mais cela aussi est remis en question par la réalité technologique. Parce que nous regardons de nouvelles dimensions du spectre du vivant et plongeons dans différentes couches de réalité, nous nous apercevons que les frontières sont subjectives, abstraites, qu'elles s'effacent et réapparaissent continuellement. En fait, nous nous apercevons que les frontières n'existent pas, qu'elles sont comme la ligne droite : pure invention de l'humain. Par la réalité technologique, nous comprenons que non seulement la définition de l'humain est appelée à changer, *mais qu'elle sera toujours appelée à changer*, qu'elle ne restera plus jamais stable. Plus la réalité technologique nous permet de creuser les dimensions du réel, de découvrir d'autres sources d'entropie et de convergences, et plus est modifiée la nature de l'humain. Là est une des plus profondes transformations auxquelles nous faisons face. Non seulement devons-nous accepter le principe de notre redéfinition, mais nous devons aussi accepter que plus jamais nous n'en trouverons une stable, universelle et surtout définitive. Ce que nous définissons être humain ou vivant aujourd'hui sera différent demain. Et il ne s'agit pas ici d'un effet de mode, d'une conséquence de la postmodernité et de ses courants conséquents, mais bien du simple fait de la réalité technologique.

Qu'est-ce à dire ? Eh bien, que nous devons revoir en profondeur tout ce qui fonde notre perception du monde et accepter que cette redéfinition *sera toujours temporaire*. Car toute la structure phénoménologique dans laquelle nous existons est fondée sur cette idée que nous savons ce qui est vivant, mort, intelligent, conscient, différent, bref, que nous comprenons, si ce n'est le fonctionnement, du moins les catégories d'êtres et de choses qui forment cette planète. Mais nous nous trompons. Non pas parce que nous faisons fausse route mais bien parce que nous nous fondons sur des définitions anachroniques et cherchons, encore et toujours, des interprétations stables et définitives[28]. En fait, nous nous trompons à un point tel que même la compréhension que nous avons de l'identité génétique semble, en partie, incorrecte. Car s'il est vrai qu'un humain est la somme héréditaire de ses parents, il est aussi le résultat de « contaminations » diverses qui font de lui un être à la filiation génétique complexe. Par exemple, nous savons aujourd'hui que certaines cellules du fœtus traversent le placenta. En fait, de 80 % à 90 % des femmes en gestation porteraient en elles l'ADN de leur enfant et plus de 50 % d'entre elles le garderaient pendant des décennies (cette condition est nommée « microchimérisme[29] »). Plus étonnant encore, l'ADN de l'aîné peut se glisser dans celui des puînés lors de gestations subséquentes. Bref, l'humain n'est donc pas simplement la convergence de deux bagages génétiques mais est une « véritable ménagerie de cellules différentes de diverses générations[30] ».

Et ainsi, par la réalité technologique, nous voici devenus bactéries, virus, neurones, contaminations génétiques, chimères. Nous voici devenus inhumains. Conséquemment, non seulement sommes-nous profondément remis en question, mais la place dominante que nous occupions au sommet de la hiérarchie planétaire est maintenant contestée. Si nous ne pouvons définir ce qui est intelligent et conscient en nous, si nous ne pouvons distinguer « notre » être de ces millions de bactéries qui nous habitent, si nous ne pouvons clairement affirmer que ces bactéries n'agissent pas sur la conscience, comment pouvons-nous alors prétendre occuper la place ultime, celle de l'être conscient, éveillé, intelligent qui domine et est responsable du bien-être (ou du mal-être) de cette planète ?

Si le corps humain n'est qu'une somme d'entités vivantes, comment alors pouvons-nous nous distinguer de ces communautés bactériologiques qui font preuve d'adaptabilité et d'intelligence[31] ? Si le corps humain n'est qu'une somme d'entités vivantes, alors comment nous différencier des fourmilières, ruches et termitières, puisque dans un cas comme dans l'autre la somme des unités crée l'ensemble (les fourmis créent la fourmilière comme les cellules, virus et bactéries créent l'humain) ?

Revenons quelques instants aux virus. Nous en avions découvert quelques-uns lorsque nous nous étions mis à examiner le corps. En quoi le virus peut-il nous intéresser et en quoi participe-t-il de cette redéfinition du vivant humain ? Le virus est fruit de la réalité technologique. Sans celle-ci, le virus reste invisible à l'échelle humaine et n'occupe donc aucune place dans la structure par laquelle nous nous définissons (comme c'était le cas du prion, il n'y a pas si longtemps). Nous savons maintenant que certains virus pénètrent en l'humain de façon permanente et cohabitent littéralement avec lui, se propageant de la mère à l'enfant à l'intérieur de l'utérus. Ces virus, latents, ne se manifestent qu'à des moments particuliers (généralement après l'accumulation de certaines données chimiques tels stress, nicotine, polluants quelconques) et seraient possiblement responsables de certaines maladies que l'on ne considérait pas auparavant comme infectieuses (arthrose, cancer, maladies du cœur, sclérose en plaques, etc.). Certains virus participeraient donc de façon active à la spécificité génétique humaine, puisqu'ils seraient en état de quasi coévolution avec notre espèce (le virus ne se déclarant que lorsque l'hôte a épuisé ses facultés reproductives par lesquelles le virus a pu, au préalable, se propager). Mais il y a plus. Certains généticiens et évolutionnistes suggèrent qu'en insérant en son hôte des données génétiques, le virus contribuerait directement, et de façon violente, aux mutation génétique de l'humain (et du vivant). Richard Dawkins va même plus loin et propose de voir le virus comme un acteur dominant de l'ontologic[32].

Mais surtout, le virus pose la question du vivant. Un virus est-il vivant ? Revenons aux comportements et caractéristiques énumérés par Doyne Farmer un peu plus tôt[33]. Certes, un virus répond à la majorité d'entre eux mais il ne répond pas à celui, fondateur, de la reproduction. Un virus, contrairement aux êtres vivants, ne peut proliférer de façon autonome ; pour ce faire, il doit parasiter le système reproducteur de la cellule. Cette incapacité nous empêche de le faire pénétrer par la grande porte dans la famille du vivant (tel que nous le définissons). Pourtant, le virus est organique, caractéristique qui, jusqu'à l'avènement de la réalité technologique, a été le jalon de notre reconnaissance du vivant. Ce qui était organique était vivant et *vice versa*. Le virus remet en question cette notion et pose la question de la corrélation entre matière organique et vivant. Quelque chose d'organique pourrait-il ne pas être vivant ? Plus troublant encore : quelque chose de non organique pourrait-il être vivant ?

Une chose est certaine, si le virus organique ne possède pas toutes les caractéristiques du vivant, il est néanmoins très proche, et très difficilement séparable, du virus informatique[34]. L'un et l'autre sembleraient partie intégrante de la même famille de phénomènes. L'organique et l'artificiel pourraient, à certains niveaux, être considérés comme faisant partie de la même espèce.

Le virus, dont l'existence n'est apparente qu'à travers les nouveaux sens que nous offre la réalité technologique, remet donc, lui aussi, la notion du vivant en question. Par lui, la frontière génétique entre espèces est franchie ; par lui, les barrières informationnelles entre vivant et non-vivant semblent perméables ; par lui, une coévolution génétique, transgénique paraît possible ; par lui, l'équation vivant/organique s'avère artificielle.

De plus, le virus remet sur le tapis la notion de mécanisme si importante pour la réalité technologique (le virus est une structure parfaitement rodée, sans empathie ni conscience, dont le but n'est que la multiplication. Cette multiplication se fait de façon souvent si automatique que le virus lui-même en souffre[35]). Certes, l'idée, là non plus, n'est pas nouvelle (Descartes, par exemple, a examiné avec soin cette notion), mais la « mécanicité » du vivant n'est plus simplement un exercice philosophique. Par la réalité technologique, les couches du vivant que nous observons semblent profondément marquées du sceau de cette mécanicité.

Il est important ici de préciser les enjeux. Cette perception de la mécanicité de l'humain et du vivant provoque d'innombrables débats séparés en deux clans principaux : l'un est scientifique et l'autre est religieux. Étonnamment, la réalité technologique suggère qu'il existe des zones de chevauchement entre les deux positions[36]. Par la physique quantique, par exemple, le débat entre mécanicité et spiritualité, entre intentionnalité et hasard, entre prévisibilité et inattendu se trouve soudainement posé de façon beaucoup moins claire (et beaucoup plus complexe) qu'auparavant, puisque la physique quantique accorde à l'observateur, à son intention et à sa conscience un rôle fondamental dans la structure de l'univers. En fait, nous propose la physique quantique, toutes les possibilités de l'univers existeraient en même temps en tant que potentialités et n'acquerraient leur forme finale qu'au moment de l'observation consciente. Dans la physique quantique semble palpiter une forme d'intention. Car si les réalités de la physique quantique dépendent d'un observateur conscient, alors la présence de cet observateur conscient n'est probablement pas accidentelle (puisque sans lui il n'y aurait ni réalités, ni univers). La conscience de l'observateur jouerait un rôle essentiel dans l'apparition du réel et ne serait donc pas le fruit du hasard évolutionniste.

Évidemment, certains éléments de la relativité (qui, pour l'instant, est incompatible avec la physique quantique) suggèrent eux aussi des aires de chevauchement entre mécanicité et spiritualité (plus particulièrement dans ces micro-secondes qui succèdent au big bang et dans lesquelles les lois de la physique ne s'appliquent pas). Certains termes (infini, big bang, éternité, etc.) utilisés par les physiciens et appliqués aux mécanismes astronomiques illustrent d'ailleurs bien ce chevauchement – qui n'est d'ailleurs pas unique à l'astronomie : Mitchell P. Marcus, par exemple, nous propose une intéressante comparaison entre la structure de l'ADN et l'ordre mystique de la Torah. La Torah, nous dit-il, comme l'ADN, encodent et révèlent l'univers par l'entremise d'un enchaînement précis de lettres. Notons ici que c'est aussi ce que fait la programmation informatique. Comme l'incantation, la programmation accorde aux lettres, aux mots et aux phrases le pouvoir « divin » de donner vie à la matière inanimée[37].

Deux perceptions se font ainsi face. La première, marquée par l'atavisme biologique, ne peut accepter qu'il n'y ait que mécanismes, que l'intention, la conscience et l'intelligence soient dépourvues de raisons d'être. Cette position est fondée sur la réalité biologique. Elle trouve son origine à la fois dans notre perception biologique du monde (nos sens) et dans l'impossibilité de « voir » (par nos sens) au-delà de cette perception. L'*Homo sapiens* regarde le monde et n'en comprend qu'une partie, son cerveau ayant été créé pour saisir la réalité biologique qui l'entoure et non les mécanismes qui la sous-tendent. Cet être est donc pris entre l'arbre et l'écorce : d'un côté, il possède des outils cognitifs suffisamment puissants pour soupçonner qu'une structure fonde son réel mais, de l'autre, ces mêmes outils cognitifs se voient incapables de lui donner accès aux mécanismes de cette structure. Que fait-il alors ? Il crée des narrations qui donnent un sens à ce qu'il perçoit, qui expliquent ce qu'il voit, qui imposent une intention, qui permettent de lire le monde environnant. Bref, il crée les mythes. La structure fondamentale de la croyance et du désir de spiritualité est ainsi marquée par la réalité biologique.

Mais à partir de Darwin (puis d'Einstein), la réalité technologique inféode notre compréhension du monde. Par la réalité technologique, le monde naturel se transforme en mécanisme, d'une étonnante et fragile complexité, certes, mais en mécanisme néanmoins (ne parlons-nous pas de chaîne alimentaire ?). Pourquoi ? Parce que la réalité technologique propose des lectures du monde non seulement par les niveaux de réalité qu'elle nous permet de voir mais aussi *par la façon dont elle nous fait accéder à ces niveaux*. Une réalité technologique dominée par le mécanique offrira des lectures différentes d'une réalité technologique fondée sur le numérique. La théorie de l'évolution, dès sa naissance et jusqu'à aujourd'hui, est donc perçue comme le résultat de mécanismes sans intention, sans empathie, sans conscience, car la réalité technologique dont elle a émergé est gouvernée par une perception du monde propre à la révolution industrielle.

Suis-je en train de critiquer la théorie de l'évolution ? Non, bien au contraire. Mais il est cependant important de souligner ce qui me semble être l'erreur fondamentale, non pas de cette théorie mais bien de notre compréhension de celle-ci. Ainsi, pour nombre de scientifiques, de chercheurs et de penseurs, l'évolution génétique est le dernier, définitif et originel, niveau de réalité. Mais ainsi que nous l'a démontré la réalité technologique récente (influencée, il est vrai, par la culture numérique), la limite d'un phénomène s'avère presque toujours une illusion. Le XXe siècle sera cependant marqué par cette volonté de trouver le niveau opérateur. Pourquoi ? L'industrialisation aurait-elle imposé une perception du monde fondée sur la lecture séquentielle des phénomènes et sur la production, non seulement de résultats mais aussi de produits achevés ? Probable. Une chose est sûre, le XXe siècle voit apparaître des conceptions qui, si elles ne sont pas fausses, se focalisent principalement sur un niveau de réalité. Les théories d'évolutionnistes tels que Steven Pinker, Daniel Dennett et Richard Dawkins, en sont de bons exemples. Si, encore une fois, leurs propos sont justes et leurs observations légitimes et véridiques, leur focalisation a pour conséquence de poser des œillères sur la perception évolutionniste du monde. Ainsi, s'il est indéniable que l'humain est un mécanisme biologique et environnemental, s'il est certain que son génome est marqué par les dynamiques évolutionnistes dans lesquelles il évolue et s'il est aussi vrai que la théorie de l'évolution nous a permis de comprendre les forces qui marquent le vivant, il est néanmoins indéniable que cette proposition paradigmatique, en particulier vers la seconde moitié du XXe siècle et lorsqu'elle s'adresse à l'être humain, s'est limitée, pour ne pas dire cantonnée, à la dimension biologique de l'existence (c'est-à-dire au résultat apparent). Certes, la dimension biologique inclut en elle plusieurs niveaux de réalité (biologique, cellulaire, génétique, historique, environnemental, etc.), mais la théorie de l'évolution s'est limitée à ces niveaux et a refusé (ou tout simplement ignoré) l'infinie profondeur d'autres niveaux de réalité. Si l'humain est un mécanisme dans sa biologie, il est peut-être beaucoup plus que cela dans sa dimension atomique ou quantique.

Richard Dawkins est le représentant le plus connu et le plus fascinant de toute cette école de pensée. Pour cet éthologue anglais, le vivant n'a qu'un but, disséminer son bagage génétique, et les êtres vivants n'ont qu'une fonction : non pas sauvegarder l'espèce, la famille ou la culture, mais tout simplement les gènes, ces gènes qu'il qualifie d'égoïstes et dont les êtres vivants ne sont que des véhicules de survie. Selon Dawkins, l'humain, ses productions et sa civilisation ne sont donc que des dynamiques évolutionnistes maquillées : le cerveau ne serait qu'un mécanisme informationnel créé par l'évolution afin de mieux gérer la survie ; nous serions attirés non pas par la beauté des corps mais bien par leur étalage de fertilité et de santé (c'est-à-dire par la qualité de leur bagage génétique) ; nous serions captivés par les connus et les puissants car dans leur comportement serait inscrite la valeur de leur bagage génétique. Même la création artistique serait marquée de cette pulsion évolutionniste : nous créerions afin d'exposer, au vu et au su de tous, la supériorité de notre apparat intellectuel et génétique[38]. De cette école de pensée naissent la science de l'intelligence artificielle et celle de la génétique, de la reproduction assistée, de la pharmacologie, de l'agroalimentaire moderne et de la médecine contemporaine qui, toutes, perçoivent le vivant comme un mécanisme sur lequel il est possible d'intervenir.

De cette école de pensée naît, en fait, un véritable paradigme. Pour nombre de chercheurs contemporains, le vivant est un algorithme. Selon eux, la complexité du vivant, son essence, sa beauté, ses résultats sont tels un programme informatique : une série extraordinairement complexe d'algorithmes qui s'enchevêtrent et se croisent, se nourrissent et s'interfèrent l'un l'autre. Pour ces neurologues, évolutionnistes, physiciens, biologistes, le vivant est un programme, c'est-à-dire une structure intrinsèquement décodable, lisible et prévisible.

Si réduire le vivant à des processus mathématiques peut sembler simplificateur, si cette école de pensée prête le flanc à nombre de critiques, il faut aussi avouer que plusieurs recherches et découvertes tendent à confirmer ces hypothèses de départ. Nous serions, dans nombre de nos comportements, attitudes et dynamiques, de façon troublante et inquiétante, une série de mécanismes.

La théorie des jeux est un bon exemple de cela. À travers la lentille de l'évolution, cette théorie pose la question de l'altruisme et de la coopération dans un environnement compétitif et darwinien et suggère la « mécanicité » de ces comportements. Une des aires de recherche fondamentale de la théorie des jeux est

« le dilemme du prisonnier ». Deux prisonniers ont été capturés. Ils sont interrogés dans des salles distinctes et font face à trois options : s'ils restent silencieux et refusent de se dénoncer, leur peine d'emprisonnement sera de six mois ; s'ils se dénoncent, elle sera de cinq ans ; si l'un dénonce alors que l'autre reste muet, le dénonciateur sera libéré et le solidaire écopera de dix ans. Évidemment, les prisonniers se dénonceront et se verront condamnés à cinq ans de prison car rester silencieux est une option beaucoup trop dangereuse. Le dilemme du prisonnier a longtemps représenté le problème fondamental de l'altruisme et de la coopération dans un monde qui ne semble récompenser ni l'un ni l'autre. Mais ce que les chercheurs en théorie des jeux ont pu constater est qu'il existe une solution tout à fait automatique (algorithmique) à cet imbroglio : pour se sortir de l'impasse que représente cette situation et permettre l'émergence de comportements plus variés et plus efficaces, les êtres vivants ont tendance à utiliser la stratégie du *Tit for Tat*, soit celle de la réplique instantanée. Un individu débutera un échange en faisant confiance à son interlocuteur. Dès que celui-ci le trahit, la réplique est instantanée *(tit for tat)* mais ne durera que le temps d'un autre échange. Cette stratégie apparemment simple est d'une efficacité impressionnante dans la nature et semble être utilisée de façon universelle par les mammifères vivant en groupe.

Les découvertes de George Kingsley Zipf sont encore plus étonnantes. Dans les années 1930, ce linguiste de Harvard s'est aperçu que les mots d'une langue suivaient un ordre croissant (ou décroissant) surprenant. En anglais, par exemple, le mot *the* est deux fois plus courant que le deuxième mot le plus courant, trois fois plus que le troisième, dix fois plus que le dixième, etc. Cette étrange répartition des ordres de grandeur s'applique aussi aux villes. Ainsi la première ville en population aux États-Unis (New York) est deux fois plus peuplée que la deuxième, quatre fois plus que la quatrième et ce, même si la ville change ! Que la quatrième ville soit Los Angeles (dans les années 1950) ou Houston (dans les années 2000), la proportion reste la même[39].

Mais cette étrange algorithmie du vivant ne s'arrête pas là. En utilisant des simulations de sociétés artificielles, par exemple, de nombreux chercheurs ont été capables de reproduire ce qui, pendant longtemps, a paru être des comportements uniques et exclusifs à l'être humain (notons que ces simulations de sociétés artificielles ont donné naissance à ce qu'on appelle la sociologie informatique). Dans les années 1960 par exemple, Thomas Schelling s'intéressa à la composition des quartiers défavorisés aux États-Unis. Il créa des simulations pour étudier la façon dont ces quartiers s'étaient organisés. Il commença en proposant de très simples paramètres à sa simulation : sur un damier, des petits carrés bleus et rouges sont distribués de façon aléatoire. Le seul paramètre auquel ces carrés doivent répondre est que leurs quatre voisins immédiats soient de la même couleur qu'eux. Quelle ne fut pas sa surprise de voir que le damier se répartissait rapidement en quartiers uniformes, tout rouge ou tout bleu (reproduisant ainsi la ségrégation de nombreux quartiers américains). Puis, il tenta une autre expérience, cette fois-ci beaucoup plus simple : chaque carré ne devait être à proximité que de deux carrés de la même couleur. Étonnamment, le résultat fut le même, et ce malgré le fait que chaque carré « accepte » la présence potentielle à ses côtés de deux voisins de couleur différente. Et cela fonctionne même si chaque carré ne recherche que la présence d'un seul autre carré de même couleur ! La ségrégation entre quartiers (ou la tendance à l'honnêteté ou à la corruption, autre phénomène étudié) semblerait ne dépendre que de facteurs tels que la limitation des connaissances et la diversité des acteurs présents (dans le cas d'une société corrompue, la diversité des acteurs et la limitation des connaissances disponibles pousseraient *inexorablement* une société vers l'honnêteté). Et comment ne pas mentionner les inquiétants travaux du chercheur américain Jonathan Epstein, qui a réussi à créer des simulations informatiques de génocides au moyen de règles de départ d'une étonnante simplicité[40]. Mais au-delà de leurs résultats intrigants, ce que ces mêmes simulations ont aussi prouvé est l'impossibilité, paradoxalement, de prédire les mécanismes algorithmiques dont la variabilité est excessivement grande et qui sont souvent extrêmement sensibles à d'infimes transformations. Qu'est-ce à dire ? Qu'à certains niveaux de réalité, nous sommes guidés par des mécanismes que, paradoxalement, *nous ne pouvons pas réellement contrôler*[41].

La sociologie informatique pose ainsi de très troublantes questions. Y a-t-il libre arbitre si des comportements aussi spécifiques que la ségrégation et aussi terribles que le génocide répondent, en fait, à des dynamiques algorithmiques de l'écosystème plutôt qu'à une volonté humaine quelconque ?

Allons plus loin : de nombreuses expériences et recherches confirment aujourd'hui que la foi, la croyance, le sentiment religieux seraient le résultat soit de la sécrétion, par le cerveau, de certains neuromédiateurs (telle la sérotonine par exemple[42]), soit de l'exposition à certains champs électromagnétiques de grande envergure[43].

Cette école de pensée nous propose (et nous prouve, d'où le profond sentiment de malaise) que de très nombreux actes, comportements, attitudes et dynamiques qui peuplent cette planète ne seraient autres que la complexification de mécanismes sans intention, sans empathie, sans but ni conscience[44].

L'art lui-même n'échappe pas à cette étrange algorithmie du vivant. Aujourd'hui, plusieurs recherches tendent à démontrer que l'œuvre d'art est une structure déterminée, prévisible et même calculable. Le programme de poésie de Ray Kurzweil est un exemple fascinant, bien qu'inquiétant, de cette mécanisation. En se fondant sur les prémisses du test de Turing, qui pose la question de l'intelligence artificielle selon notre capacité à distinguer l'humain de la machine (s'il nous est impossible de reconnaître que nous parlons à une machine, alors peut-être la machine fait-elle preuve d'intelligence), Ray Kurzweil a créé un programme informatique qui « lit » une série de poèmes d'un auteur particulier et crée, à partir de cette lecture, un modèle linguistique *(language model)* original. Étonnamment, les poèmes ainsi créés ressemblent à de véritables poèmes. En voici quelques exemples :

« Page »
(Selon les poèmes de Wendy Dennis)
Glisse le long de la page
à travers la lionne
tapie dans mon âme

« Imagine ici, maintenant, et chante »
(Selon les poèmes de Wendy Dennis et Ray Kurzweil)
Imagine ici, maintenant, et chante
créant des mythes
taillant la neige fraîche en d'innombrables joyaux

« Âme »
(Selon les poèmes de John Keats et Wendy Dennis)
Tu as brisé mon âme
le flot de l'éternité
l'esprit de mes lèvres[45].

Ce programme de poésie est d'autant plus fascinant qu'il s'approprie, comme le fait l'intelligence artificielle, des caractéristiques que l'humain croyait à la fois exclusives à son espèce et fondatrices de son essence (la cognition, la culture, le langage, la faculté de créer des œuvres émouvantes). Car si l'humain ne s'inquiète pas de la puissance étonnante des machines et mécanismes (qui ne font que calquer l'exploitation, par l'homme, de la force animale), la reproduction de son intelligence, tant logique qu'émotionnelle, l'ébranle profondément. Que veut dire être humain si ce que nous croyions être unique à notre espèce, soit la création artistique, peut être reproduit par une machine ? Que signifie être humain quand il paraît de plus en plus clair que les formes artistiques que nous apprécions, qui nous touchent, qui nous émeuvent, ne sont autres que des structures mathématiques ? Que veut dire être humain si intelligence, conscience et sensibilité peuvent être programmées puis reproduites ?

La poésie n'est pas la seule forme d'art remise en cause par les études récentes. La peinture, la musique et le cinéma subissent aussi les assauts de l'algorithmie du vivant. Une étude des œuvres de Jackson Pollock par deux chercheurs américains[46] a ainsi démontré la présence importante de fractales en celles-ci. Selon ces chercheurs, là se cache la raison du plaisir et de l'émotion que nous éprouvons à regarder ces peintures pourtant abstraites : nous y reconnaissons des formes mathématiques complexes et en sommes troublés, touchés, émus. Plus étonnant encore, deux compagnies américaines ont récemment créé des systèmes informatiques qui permettent de prédire avec grande précision le succès commercial d'une chanson ou d'un film (si le succès commercial n'est pas garant de qualité, il est cependant garant d'une structure émotive répandue). Le système prédisant le succès éventuel d'une chanson mesure les relations mathématiques de ses éléments structurels (mélodie, harmonie, rythme, cadence, etc.). Grâce à ce système, la compagnie (Platinum Blue) peut prédire, avec un taux de succès de plus de 80 %, le potentiel commercial d'une chanson. Quant à la compagnie fondée par l'Américain Dick Copaken, elle offre à ses clients de Hollywood une analyse informatique d'éléments tels scénario, casting, mise en scène, qui permet d'anticiper, avec une acuité troublante, les résultats financiers d'une production cinématographique[47].

Que veut dire être humain quand un simple programme informatique remet en question ce qui nous semblait impossible, soit la reproduction mécanique et mathématique du geste artistique ? Quand la beauté d'une peinture n'est autre qu'une forme mathématique ? Quand une machine fait la preuve que le geste artistique n'est peut-être qu'une organisation saisissable et prévisible de la matière ? Que veut dire être humain quand la machine tisse ses propres œuvres artistiques ?

Nous voici à l'orée d'une forêt nouvelle dans laquelle les éléments fondamentaux qui nous ont guidés depuis si longtemps se métamorphosent et s'effacent. Pendant des millénaires, nous avons bâti l'édifice de notre compréhension du monde sur la reconnaissance des universaux (vie, mort, conscience, individus, etc.), sur la pérennité du temps et de l'espace, sur l'information dont nos sens disposaient et qu'ils utilisaient. Depuis l'avènement de l'*Homo sapiens*, l'intelligence, la conscience, la civilisation ont été perçues comme identifiables et empreintes de volonté et d'intention. Depuis l'outil, l'humain s'est cru différent des objets qu'il créait, des machines qu'il fabriquait. Depuis que l'humain est conscient, celui-ci s'est dit libre de ses actes et différent du royaume animal. La réalité technologique remet tout cela en question. Nous sommes mécanismes, nous dit-elle, et la couche de réalité à laquelle nous avons accès (par nos sens) n'est que la pointe de l'iceberg. Qui plus est, sous cet iceberg, l'océan du réel est sans fin et sa structure toujours mouvante. La pointe de l'iceberg que nous voyons et par laquelle nous avons bâti une importante partie de la civilisation n'a, en fait, qu'une valeur de démonstration, *elle ne guide ni ne forme l'iceberg et aucune de ses transformations n'affecte l'iceberg*. En fait, elle est l'expression de la partie cachée de l'iceberg. Ni plus, ni moins.

C'est la réalisation de cet état que j'appelle la condition inhumaine[48].

Pourquoi proposer ici un nouveau terme ? Car prétendre que nous vivons dans la réalité technologique sous-entend que nous sommes encore capables de différencier les réalités biologique et technologique. Prétendre que nous vivons dans la réalité technologique sous-entend que celle-ci n'est qu'une excroissance du réel organique, « normal », et que sans le voile posé sur le monde par les machines (voile que nous pourrions enlever si nous le voulions[49]), nous aurions de nouveau accès au réel naturel, biologique.

Mais cela est faux. D'abord parce que l'humain, l'animal, le planétaire, l'environnemental, tels que nous les définissons aujourd'hui, n'existent, pour nous, que par la réalité technologique (nous comprenons le royaume animal car nous l'observons au moyen de machines, car nous l'analysons au moyen du microscope, car nous l'historicisons au moyen du carbone 14). Ensuite parce que les données que nous recevons de la réalité technologique déstabilisent continuellement les structures que nous avions érigées et que nous croyions, sinon éternelles, du moins universelles. La perception, les représentations, les hypothèses et théories que nous avions bâties sont maintenant autant de constructions fragiles et violentées par la réalité technologique.

Je me permets une parenthèse importante ici. Cette analogie affirme-t-elle que toute connaissance est relative et qu'aucune connaissance ne peut en supplanter une autre ? Cela veut-il dire, par exemple, que le créationnisme est aussi valable que l'évolution ? Non, car si l'évolution est définie, nourrie, bâtie par les connaissances auxquelles nous fait accéder la réalité technologique, cela n'est pas le cas du créationnisme. Instabilité des connaissances ne veut pas dire fantasmes. Si les connaissances acquises sont constamment déstabilisées, elles ne sont pas forcément niées, par l'ajout, sans fin, d'autres connaissances. La réalité technologique nous fait percevoir l'humain comme un réseau de bactéries, de cellules et de virus. Elle nous fait comprendre le cerveau comme une structure électromagnétique. Peut-être nous permettra-t-elle, dans quelques années, de comprendre différemment l'humain et la conscience. Non pas en niant ce qui a été dit et découvert précédemment, mais bien en y ajoutant d'autres dimensions par lesquelles sera redessinée notre image de l'humain. La réalité technologique propose un réel sans fond, certes, mais chaque couche que nous y découvrons doit être cohérente et vérifiable. Le créationnisme ne peut entrer dans ce débat, car il est, *exclusivement*, produit de la réalité biologique. Qu'est-ce à dire ? Eh bien qu'au niveau de nos sens, au niveau de la compréhension biologique et animale que nous avons de notre spectre du réel, il nous paraît beaucoup plus logique d'imaginer que l'univers qui nous entoure, que l'homme, la femme et l'enfant que nous aimons, sont le résultat de processus que nous comprenons instinctivement, que la structure du réel est celle que nous donnent à voir nos sens (puisque sans réalité technologique, non seulement ne percevons-nous pas d'autres couches de réalité, mais nous n'en sommes même pas conscients). Rappelons-nous les propos de Edward Osborne Wilson : le cerveau est une machine faite pour survivre et non pas pour s'analyser. Le créationnisme est le résultat clair de cette caractéristique du cerveau. Cette proposition s'entête à percevoir l'univers comme le cerveau le percevrait sans l'apport de la réalité technologique. Sans réalité technologique, sans perception des innombrables niveaux de réalité auxquels nous avons accès par celle-ci, le créationnisme, alors, est logique. Mais si tel est le cas, il faut accepter la cohérence de cette démarche et nier tout l'apport de la réalité technologique dans notre monde : tant celui des sciences, que de l'économie, que de la politique. Si tel est le cas, il faut alors refuser toute notion de planète, d'écosystème et même d'humanité puisqu'il s'agit là de notions propres à la réalité technologique.

Pourquoi parler de créationnisme ? Car celui-ci est une conséquence claire de la condition inhumaine. Face à un monde, un réel, une réalité qui n'en finissent plus de nous étonner et de nous troubler, de remettre en question les structures qui nous semblent, instinctivement, logiques et claires, face à un monde qui répond de plus en plus à des logiques qui dépassent l'imaginaire, face à un monde qui propose des filiations étranges, des historicités troublantes, des coévolutions inimaginables, certains ressentent la nécessité de compenser par une structure narrative (tel que le faisaient les mythes). D'où le créationnisme, qui ne peut accepter qu'un phénomène aussi complexe que l'évolution soit dépourvu de créateur. Ce n'est pas vraiment la théorie de l'évolution que les créationnistes remettent en question, mais bien l'absence de caractéristiques telles que but, raison, intention, origine, qui fondent, selon la perception humaine, toute structure complexe[50]. La réalité technologique nous propose de si inquiétantes structures du réel que certains éprouvent la même sensation que nos ancêtres préhistoriques et compensent alors par des narrations qu'ils plaquent sur le réel pour le rendre intelligible et déchiffrable.

Bref, comme nous l'ont prouvé les exemples énumérés plus tôt, comme le prouvent les fascinantes observations qui se font sur les communautés animales ou humaines, comme nous le suggère l'impossibilité de clairement délimiter le conscient, le vivant et l'intelligent de leur contraire, comme le proposent de nouvelles hypothèses scientifiques telle l'émergence (l'émergence tente d'expliquer : 1. comment le tout peut être supérieur à la totalité de ses parties, comment, en d'autres mots, la ruche, par exemple, peut faire preuve de comportements dont l'intelligence est bien supérieure à la somme des intelligences des abeilles qui la composent ; 2. comment une collectivité qui ne possède aucune autorité centrale peut faire preuve de cohérence et d'unité dans son comportement[51]), nous nous retrouvons aujourd'hui dans un monde formé de trois caractéristiques fondamentales :

1. L'impossibilité de la condition humaine. Nous voici plongés dans un univers où il devient de plus en plus difficile, non pas simplement de distinguer les différents univers entre eux mais bien de croire en la

possibilité même de distinction, de différenciation et de frontières. Nous voici dans un monde, non pas de l'interconnexion ou de l'interactivité ; non pas de l'arborescence ou du rhizome ; non pas de la modernité, de la postmodernité ou de la surmodernité, *mais bien de l'inhumanité*, en ce sens où tout ce qui est propre à la conception humaine de l'univers (l'écart entre objets et phénomènes, la dissimilitude entre espèces, la différence entre formes, bref la capacité, et la nécessité, de distinguer les jaillissements d'ordres dans l'écosystème[52]) s'estompe rapidement. Nous voici plongés dans un monde, non pas de la contamination (car cela implique qu'il y a des frontières) mais bien de la fusion, cet état où les frontières ne sont plus visibles (mais attention : la fusion n'est visible que dans les spectres du réel propres à la réalité technologique. Au niveau de la réalité biologique, les distinctions, différences et écarts sont toujours présents). Proposons une métaphore ici : nous voici plongés dans un univers dont la structure est similaire à celle de la réalité quantique. De même qu'il n'y a pas d'état propre au photon de lumière avant qu'il ne soit observé, de même en est-il de ce monde dans lequel nous vivons aujourd'hui. Bref, ce que la réalité technologique nous a prouvé est que toutes les formes et les potentialités des corps, des phénomènes et des objets, existent en même temps, et ce n'est que le regard de l'observateur (biologique ou technologique) qui leur donne, pour un temps limité, un état et une position spécifiques. En fait, nous ne sommes pas dans la perte de repères mais bien dans la multiplication sans fin de ceux-ci ;

2. La difficulté grandissante à percevoir le réel biologique (celui que nous font voir nos sens) comme valable et légitime. Face à l'intrusion profonde et violente de la réalité technologique sur et dans notre perception du monde, le réel organique, celui de nos sens, celui que nos sens nous permettent de voir, d'entendre, de toucher, de sentir, de goûter, nous apparaît au mieux insuffisant et au pire un simulacre. En fait, les dernières décennies ont été témoins d'une pénétration si brutale de la réalité technologique dans notre perception de l'univers que la réalité biologique se voit désormais désaxée, déboîtée. *Nous ne croyons plus en la réalité biologique*. Pour l'être humain moderne, ce que ses sens perçoivent du monde est à peine une confortable narration (comme le sont les mythes et les légendes). Pour l'être humain moderne, les sens ne sont pas une source d'informations mais bien, souvent, un leurre. Non seulement ne croyons-nous plus en la réalité biologique, mais nous avons même l'impression aujourd'hui que ce que nous en percevons est fondamentalement incorrect et que se fier à cette perception a généralement pour conséquence un certain obscurantisme. Aujourd'hui, nous avons cette impression, parfois diffuse, parfois non formulée, que l'information que nous donnent nos sens ne sert pas la vérité, ne permet pas de connaître les mécanismes fondamentaux, les lois universelles, les fondations de ce qui nous entoure. Nous vivons dans une réalité que nous croyons profondément inexacte ou du moins incomplète. Par nos corps, par ce que l'évolution a fait de nous, nous percevons obligatoirement le monde par le filtre de notre réalité biologique. Mais aujourd'hui ce filtre nous paraît

déformant (nos sens nous faisant croire que la terre est plate, que le soleil tourne autour de celle-ci, que le temps et l'espace sont des phénomènes stables et distincts). Qui plus est, nous avons maintenant l'impression que ce filtre nous empêche d'avoir accès à la structure fondamentale de ce qui nous entoure. Nous vivons dans notre réalité biologique et pourtant nous n'y croyons plus. Voilà, je crois, un des malaises les plus fondamentaux de la société moderne.

En fait, pour revenir à l'analogie précédente sur l'iceberg, ainsi qu'il est difficile de réellement comprendre la forme et les dynamiques d'un iceberg en ne regardant que sa pointe, ainsi en est-il, avons-nous l'impression, de la réalité biologique. Comme la pointe de l'iceberg, celle-ci nous paraît être un phénomène magnifique mais dont l'essence est cachée, sous-jacente. Qui plus est, comme il est impossible de voir la partie immergée de l'iceberg sans plonger dans l'eau, ainsi est-il impossible de voir les fondations de ce monde biologique sans utiliser la réalité technologique et plonger dans les strates innombrables du réel. De plus, de même que la partie immergée de l'iceberg est véritablement ce qui donne à celui-ci sa dynamique, nous croyons que seul ce qui est invisible, immergé, sous-jacent, seul ce à quoi nos sens n'ont pas accès contrôle la réalité biologique que nous vivons. En fait, nous dit la réalité technologique, *ce que nous percevons par nos sens n'a presque aucun impact sur la réalité du monde*. Nous vivons un leurre (est-ce pour cela que le dernier demi-siècle, durant lequel s'est imposée la réalité technologique, voie aussi la multiplication des simulacres télévisuels et informatiques dans notre expérience du réel ?). Nous avons l'impression que l'unique façon d'accéder à la vérité est de faire abstraction de la réalité biologique. Les sens humains, avons-nous l'impression, ne voient que le décor biologique.

Nous sommes entrés dans une ère qui est si marquée par la réalité technologique que nous avons maintenant besoin des technologies pour expliquer non seulement les dimensions physiques de l'existence (la souffrance, les maladies, les infections), mais aussi les dimensions métaphysiques de celle-ci. Aujourd'hui le corps, par exemple, n'est plus un amas de peau à être aimé, caressé, touché, désiré, violenté, mais bien un équilibre chimique, neurologique, mécanique, auquel nous avons peu accès (car seul un petit groupe d'experts comprend l'information sur celui-ci que donne à voir la réalité technologique). La vraie réalité du corps aujourd'hui est celle des gènes, des neurones, des hormones, des équilibres ou déséquilibres chimiques ;

3. L'intrusion de l'imaginaire dans la réalité. Pendant des millénaires, l'humain a construit son monde par rapport et à travers la relation brutale qu'il avait avec l'environnement. Pendant des siècles, le frottement entre le monde organique et humain en était un fortement abrasif. Jusqu'à tout récemment (et encore pour une importante partie de la planète), l'humain était à ce point dominé par la réalité biologique que sa culture et sa civilisation en étaient profondément marquées. Douleurs, malaises, maladies, infections, infirmités, famines, catastrophes naturelles, changements climatiques, froid, canicule, sécheresse, l'humanité s'est bâtie face à ces obstacles et terreurs. Toute l'histoire de la religion et une importante partie de la philosophie n'avaient d'ailleurs, à l'origine, qu'un seul but :

apprendre à contrôler la douleur. Jusqu'à tout récemment, l'humain était si profondément dominé par la réalité biologique que même son imaginaire y était soumis. Jusqu'à tout récemment, tous et toutes étaient trop préoccupés à survivre et à moins souffrir pour se lancer dans d'importantes constructions de l'imaginaire. Pendant des millénaires, la réalité biologique a dominé et contrôlé non seulement la vie humaine mais aussi son activité cognitive.

Mais voilà que les cinquante dernières années ont changé cela. Voilà que depuis la fin de la Seconde Guerre mondiale, l'Occidental n'a plus faim, plus soif, plus froid ; qu'aucune famine ne le menace ni de près ni de loin, qu'aucune sécheresse ne l'inquiète, qu'aucune maladie ne semble pouvoir l'effrayer ; depuis une cinquantaine d'années, l'intensité et la fréquence de la douleur auxquelles sont soumises les populations occidentales diminuent de façon spectaculaire. À un point tel, propose Nicole Aubert, que nous avons maintenant l'impression de pouvoir parfaitement contrôler la durée et la qualité de notre vie[53]. En fait, nous voici entrés dans ce que Michel Serres appelle l'ère thanatotechnique. Et ainsi, la relation que nous entretenons avec le monde physique se transforme. Nous ne sommes plus dépendants de ce monde ; nous ne sommes plus soumis à ses rythmes, ses sautes d'humeur, ses catastrophes (certes, les catastrophes naturelles frappent toujours mais leur impact à long terme est peu important et jamais elles ne menacent la civilisation). Nous contrôlons la température, l'approvisionnement, le transport, la géographie ; nous prévoyons les transformations (El Niño), les catastrophes (ouragans), les fluctuations (tempêtes électromagnétiques) ; nous produisons nourriture, biens essentiels, objets, peu importent les conditions physiques de l'environnement. Bref, nous manipulons de façon si complète le monde physique qui nous entoure que nous pouvons maintenant lui imposer notre imaginaire. Nous voici maintenant dans un monde où toute notre énergie cognitive peut se consacrer à la créativité.

Et tout cela, bien sûr, grâce à l'intrusion profonde de la réalité technologique dans le monde physique. Grâce à elle, l'Occidental s'est vu libéré des affres de son existence (affres qui, cependant, le définissaient et par lesquels il se positionnait non seulement physiquement mais aussi culturellement). Un des meilleurs exemples de ce changement est probablement la pilule contraceptive. Par la distinction que cette dernière a permise entre sexualité et enfantement, par la maîtrise physiologique qu'elle a offerte aux femmes (et aux hommes), et par son coût relativement modeste, cette technologie a changé la structure même de l'Occident (et de toutes les régions où elle est devenue accessible). Par la pilule, la démographie s'est transformée, les dynamiques familiales se sont multipliées, les relations sexuelles se sont vues repensées, les mouvements économiques (par l'entrée des femmes sur le marché du travail), sociaux, artistiques et politiques ont muté. Par la pilule, l'Occident tout entier s'est métamorphosé. Mais au-delà de tous ces changements (et en conséquence de ceux-ci), c'est la relation à l'imaginaire qui a subi le plus de modifications. Bisexualité, homosexualité, transsexualité, pornographie, manèges sexuels divers, multiplication des genres sexuels, etc., la pilule a catapulté l'imaginaire sexuel dans la sphère du réel, du présent, du quotidien. Les technologies nous permettent un contrôle si absolu du monde physique, nous prouve ce simple exemple, que nous pouvons maintenant y imposer nos extravagances, obsessions, hantises. C'est ce que j'appelle l'intrusion de l'imaginaire dans le monde physique.

Un aparté est ici nécessaire. Car s'il y a intrusion de l'imaginaire dans le monde physique, il y a aussi interface entre les deux. Le jeu vidéo est un exemple fascinant de cette interface. Qu'est-ce qu'un jeu vidéo ? C'est une géographie dans et par laquelle l'humain et la machine fusionnent, dans et par laquelle la matérialité et l'immatérialité se confondent, dans et par laquelle les langues humaines et les machines s'enchevêtrent, dans et par laquelle l'imaginaire est matérialisé et le réel virtualisé. Par le jeu vidéo, cognition, imaginaire, outils, langues organiques et inorganiques se chevauchent, se croisent et s'interpénètrent. Un jeu vidéo est l'imaginaire devenu réel, manipulable et modifiable. Aujourd'hui, par le jeu vidéo, matérialité et fantasmes se touchent littéralement. Le jeu vidéo est un phénomène remarquable qu'on a trop rapidement mis de côté et dénigré (même si de plus en plus de chercheurs s'y intéressent [54]). Bien plus qu'un simple jeu, il est une porte qui s'ouvre sur l'enchevêtrement humain/machine et sur le chevauchement imaginaire/matérialité [55]. Le jeu vidéo est le produit et l'expression de la condition inhumaine : l'humain y est fondamental, son corps y est présent, réel, mais aussi impossible sans l'immatériel, l'imaginaire, l'inorganique.

Il y a quelques années, Scott Bukatman, universitaire américain, proposait d'examiner attentivement la culture des effets spéciaux car il la considérait porteuse de significations nouvelles. Cette observation, écrite avant les grandes révolutions de la biotechnologie et des jeux vidéo, s'avère aujourd'hui tout à fait prémonitoire. L'intrusion de l'imaginaire sur le réel biologique est étroitement associée à la culture des effets spéciaux. Une idéologie commune unit les images flamboyantes et inquiétantes du robot liquide qui se métamorphose continuellement dans *Terminator 2*[56] et les transformations phénoménales du corps contemporain par la chirurgie esthétique, la transplantation d'organes, le transgénisme et la thérapie génétique. L'un comme l'autre sont unis par cette idée que non seulement la chair est plastique mais qu'elle l'est à l'infini et que le corps, comme l'être, peut être fondamentalement transformé. Il y a, dans cet imaginaire de la transformation, une volonté de métamorphoser l'être de l'humain, ce désir non seulement de repousser les limites physiologiques *mais bien aussi de refaire littéralement la structure et la dynamique du vivant*. Puisque le corps n'est que l'expression visible de mécanismes sous-jacents (puisque le corps n'est que la pointe de l'iceberg), alors sa forme, son état, sa structure peuvent être transformés inlassablement. La volonté de plastifier le corps est aussi une volonté de sillonner sa vraie nature, de plonger dans ses phénomènes sous-jacents, de le « liquéfier » littéralement dans les dynamiques chimiques, génétiques, électriques qui le fondent et de parcourir la nouvelle dimension (la « vraie » dimension) de l'humain. Il y a, dans cette plastification récurrente du corps contemporain, le désir d'explorer l'état véritable de l'être. Certes, la plastification du corps repose aussi sur d'autres dynamiques (économiques, sociales, ludiques, effets de mode, etc.), mais ces dynamiques n'expliquent pas à elles seules les transformations corporelles violentes auxquelles nous assistons aujourd'hui.

Ces trois caractéristiques, l'impossibilité de la condition humaine, l'impossibilité de croire en la réalité des sens et l'intrusion de l'imaginaire dans la réalité forment ce que j'appelle la condition inhumaine. Pourquoi ce terme ? Parce que ces trois caractéristiques proposent une réalité au-delà, en deçà, au-dehors de la dimension corporelle, sensuelle et biologique du corps et de l'être.

La condition inhumaine est un acteur fondamental de l'humanité en ce début du XXIe siècle. Que sommes-nous si nous ne sommes pas ce que nous percevons, ce que nous ressentons ? Comment pouvons-nous nous définir si nous ne pouvons pas analyser la structure de base de ce que nous sommes ? Dans quel monde vivons-nous si nous ne pouvons plus distinguer entre les phénomènes, les êtres et les espèces, si l'un comme l'autre ne sont que des formes éphémères qui s'amalgament au gré des besoins et des dynamiques de l'environnement ? Comment pouvons-nous suggérer la présence même d'un humain si rien ne nous confirme qu'un tel humain existe ? Comment pouvons-nous croire en notre histoire, en notre évolution, en notre relation au cosmos, au divin, au sacré, si les seules choses que nous arrivons à prouver, à comprendre, à examiner de façon objective, sont des dynamiques qui, elles, ne font aucune différence entre le vivant et le non-vivant, entre l'organique et l'inorganique, entre l'humain et la machine, entre l'homme et la femme, la bactérie et le mammifère ?

La condition inhumaine est une cristallisation de ce phénomène, non pas d'incompréhension, mais de vacillement, de tangage. Nous connaissons ce qui nous entoure, nous comprenons les phénomènes qui nous forment et nous sculptent, nous entendons, touchons, goûtons à l'infiniment petit et à l'infiniment grand, nous voyons l'enchevêtrement des espèces et individus entre eux, nous observons l'intrusion de l'imaginaire dans la réalité. C'est la somme totale de ces phénomènes que nous n'arrivons pas à faire, c'est une narration cohérente et claire de la relation de ces phénomènes à l'humain que nous n'arrivons pas à créer, c'est le nouvel édifice de l'humanité (et de ses entreprises, tels art, culture, nations, politique, psychologie, etc.) que nous n'arrivons pas à dresser. Voilà le problème fondamental auquel nous faisons face. Ce n'est pas tant que nous sommes butés et tenons absolument à nos anciennes structures (certes, certains s'y attachent contre vents et marées), c'est plutôt que nous ne pouvons pas structurer notre pensée au-delà de notre réalité biologique ; c'est plutôt que notre corps est formé de telle sorte que c'est dans la réalité biologique que nous trouvons le sens, c'est par elle que nous y avons accès : certes, nous voyons et comprenons les autres couches de réalité, mais, pour nous, le sens du monde n'est *que* dans la réalité biologique. L'angoisse contemporaine, le malaise contemporain, le sentiment d'être plongé dans une réalité inhumaine, viennent du fait que nous avons maintenant accès à d'autres réalités qui ne sont pas faites pour nous, qui n'ont pas de sens pour nous, que nous ne pouvons pas rendre rationnelles avec les outils biologiques (le cerveau, le système nerveux) que nous avons. Voici la condition inhumaine : nous observons un monde nouveau que nous n'arrivons pas à rendre cohérent.

Peut-être est-ce en ce malaise que nous pouvons trouver la raison de ce retour en force à la fois du divin et des interprétations religieuses. Qu'est-ce que le divin pour l'humain ? C'est le narrateur omniscient et omnipotent du texte qu'est la réalité biologique. Mais voilà que le texte s'est complètement modifié, qu'il raconte aujourd'hui une histoire totalement différente. Qu'en est-il alors du narrateur ? A-t-il changé, est-il différent, doit-on le réinventer, peut-on l'imaginer comme narrateur du texte biologique *et* des textes d'autres réalités ? Un des défis principaux auxquels fait face l'institution religieuse aujourd'hui n'est pas la perte de la foi ou l'abandon de la spiritualité, mais bien l'anachronisme du divin, un divin qui a été pensé, créé, imaginé dans, par et à travers une lecture biologique du monde. La question de la foi aujourd'hui n'est pas de savoir si elle existe toujours (bien au contraire), mais de pouvoir la faire correspondre aux innombrables réalités que nous permet d'observer la réalité technologique. Que dit le divin à propos de la condition inhumaine ? Comment agit-il face à celle-ci ? Quel est son rapport à la physique quantique, à l'individu peuplé de bactéries, aux atomes, aux machines ? Quel est son rapport à ce monde enfanté par les machines ? Comment peut-on le comprendre face aux innombrables mécanismes qui forment le vivant ? Dieu est-il un mécanisme ? Est-il un gène, un circuit intégré ? Est-il une bactérie ? Est-il une intelligence artificielle ?

Percevant que les institutions religieuses actuelles n'offrent pas de réponses adéquates à cette tension biologie/technologie, nombre d'hommes et de femmes préfèrent alors plonger hors des institutions vers des courants religieux excentrés (pour des Occidentaux). bouddhisme, chamanisme, wika, etc., les courants religieux alternatifs sont nombreux. Leur popularité émerge, peut-on proposer, d'une recherche de complexité et de complexification dans la lecture et la représentation du monde. Alors que l'institution religieuse classique (chrétienne, musulmane ou juive) offre un décodage du monde selon des critères biologiques connus, les religions alternatives suggèrent des explications non seulement plus flexibles et plus marbrées de l'univers qui nous entoure, mais surtout plus proches des lectures que nous offre la réalité technologique (plusieurs de ces religions attribuent un rôle fondamental à l'observateur dans la cristallisation du monde, ce qui, volontairement ou non, permet de créer une résonance entre ces courants religieux et les lectures du monde offertes par la physique quantique et la relativité).

L'angoisse contemporaine tient beaucoup à cela. Non seulement percevons-nous maintenant des niveaux de réalité dans lesquels l'entendement humain ne peut s'appliquer, mais voici de plus que nous sommes incapables d'y insérer notre conception classique du divin. Certes, nous pouvons toujours penser à un divin qui engloberait tous les phénomènes, par lequel existeraient tant la physique quantique que les trous noirs, mais un tel divin serait totalement différent du (des) divin(s) actuel(s). Comme le serait l'humain que nous pourrions (et que nous allons devoir) définir dans la condition inhumaine.

Évidemment, ce malaise se reflète aussi en politique. Nombreuses ont été les analyses récentes qui ont suggéré la fin du politique, qui ont pris plaisir à dénoncer ce qu'elles percevaient comme l'indifférence des masses face aux défis politiques. Il est, bien sûr, aussi faux de prétendre à la fin du politique qu'à la fin du religieux. Il est aussi faux de prétendre percevoir une apathie face au politique que de prétendre en voir une face à la culture ou à la religion. Car ce n'est pas le politique qui pose problème aujourd'hui mais la forme de ce politique. Car le politique, comme le religieux, est une narration sur l'univers humain qui s'appuie presque totalement sur la réalité biologique. Le politique est la lecture géographique (ne parle-t-on pas de géopolitique ?), biologique et organique du monde qui nous entoure. Tant le discours que la philosophie politiques sont fondés sur la réalité biologique du monde. Qu'est-ce que la droite, la gauche, le fascisme, le communisme, le néolibéralisme sinon des lectures et des propositions sur la réalité biologique ? Comment partager les ressources (ou ne pas les partager), comment réagir aux transhumances, comment répondre aux limitations ou ambitions géographiques, comment protéger l'identité géographique ? Qu'est-ce que l'État-nation si ce n'est un regroupement géographique d'humains qui partagent une vision relativement commune de la réalité biologique qui les entoure ? Mais autant en politique qu'en religion, la vérité du monde dépasse maintenant de beaucoup les dimensions biologiques de l'existence. Ainsi que proposer au niveau politique quand les recherches récentes nous suggèrent que des dynamiques étranges, à la fois prévisibles et imprévisibles, guident les comportements humains de masse ? Quand des simulations en vie artificielle reproduisent des génocides ? Quand la théorie du jeu nous démontre clairement que la négociation est fondée sur quelques règles de base ? Que faire du politique quand la géographie est non seulement aplanie (par les technologies) mais, plus encore, remise totalement en question (par des hypothèses scientifiques telle la théorie des cordes qui présuppose un monde à dix dimensions[57]) ? Que faire de la matière et de ses spécificités quand cette même théorie des cordes nous propose que la seule chose qui distingue les différentes formes de la matière entre elles (quarks, électrons, atomes, etc.) est la qualité de la vibration des cordelettes[58] ? Que faire du politique quand le texte qui permet de le produire est aujourd'hui créé à la fois par l'humain et les machines, quand ce texte, lui-même, est soumis à des strates machiniques qui le transforment et le manipulent ? Quand le texte perd, comme l'image, comme l'économie, comme les ressources, toute matérialité et peut ainsi, par les chats, le courriel, les blogs, non seulement dépasser la géographie mais l'ignorer complètement ? Certes, des phénomènes tels que la dématérialisation de l'économie ont, de nombreuses fois déjà, été soulignés, mais comment proposer un texte, une narration, une structure de pensée face à cette dématérialisation alors que les outils cognitifs que nous utilisons pour y réfléchir (la philosophie politique) sont fondés sur la dimension matérielle et biologique du monde ?

Dans un monde où le corps biologique est désaxé, n'a plus de réalité, dans un monde où il n'y a plus de niveaux de réalité ultimes, où la souffrance d'un homme ou d'une femme n'a aucune valeur absolue (qu'est-ce que la souffrance d'un humain face aux innombrables niveaux de réalité, face aux microcosmes et aux macrocosmes ?), comment cette même souffrance peut-elle alors mener à l'utopie, à la métaphysique, à ses questions et ses possibilités de réponses ? Dans un monde où la réalité est une série infinie de réels, comment la souffrance peut-elle avoir, elle-même, une réalité ? Si le corps n'est qu'un amalgame de données chimiques, comment ce corps peut-il souffrir ? Que représente sa souffrance ?

En fait, la souffrance contemporaine n'est pas dans le corps, dans l'idéologie, dans l'injustice ; elle n'est pas dans la chair, elle n'est pas dans le péché, le fratricide, la douleur sur la croix. La souffrance aujourd'hui est l'insensé, l'irréel, l'éthéré, les dimensions folles et incompréhensibles de l'univers, du microcosme et du macrocosme. La souffrance est l'enchevêtrement des niveaux de réalité, l'impossibilité de comprendre cet univers dont nous sommes pourtant les enfants. La souffrance est l'impossibilité de trouver des chemins qui nous mènent au divin, au spirituel, au mystique. Non seulement ne pouvons-nous plus dire où est l'humain, où est la réalité, où se cache le niveau ultime du monde, de quoi sont faits les formes et phénomènes (puisqu'ils ne sont qu'expressions temporaires de ce même monde), mais nous ne pouvons plus dire, non plus, où s'exprime le divin et comment tendre vers celui-ci. Car s'il n'y a plus de niveaux de réalité absolus, ultimes, il n'y a plus, non plus, de possibilités de questionner ces niveaux pour y chercher la trace du divin. Si l'ultime n'est pas dans l'origine (qui n'existe pas), mais dans l'enchevêtrement et dans la stratification, alors comment comprendre le divin ? Comment tendre vers celui-ci ? Comment lui « parler » ? Comment ressentir le mystique si celui-ci se cache dans l'incohérence du sens, des formes et des phénomènes ? Comment percevoir le sens du monde quand le divin est insensé, quand le divin ne se manifeste que dans l'inhumain et l'incommensurable ? Voilà la souffrance contemporaine.

Ce n'est pas que le politique ou que le religieux disparaissent, ce n'est pas que nous atteignons la fin de l'histoire, mais bien que nous nous retrouvons face à un monde où les outils cognitifs que nous utilisons (la religion, la politique, l'art) s'avèrent inadéquats, incapables, en fait, de percevoir les nouvelles strates de réalité et de proposer de nouveaux universaux qui tiennent compte de ces strates. Voilà le paradoxe et le sentiment d'aliénation dans lesquels nous vivons. Voilà le malaise. La condition inhumaine nous fait percevoir la complexité, la multitude, l'enchevêtrement sans fin des phénomènes, des dynamiques et des couches du réel mais nous n'avons que notre corps et ses outils civilisationnels, fondés sur ce même corps, pour y répondre et surtout pour en faire une narration cohérente. Nous vivons aujourd'hui dans l'absence de narration. Ce n'est pas qu'il n'y a plus de grands récits ou même que nous refusions les grands récits. Au contraire. Mais nous sommes incapables de formuler ces récits car nous tentons de les créer en utilisant la réalité biologique. Nous sommes des écrivains devant la page blanche.

Chapitre III

MALAISES ET CONSÉQUENCES DE LA CONDITION INHUMAINE

Nous voici à l'orée d'une fin du monde. Une fin du monde qui n'est pas celle de la catastrophe, de la destruction ou de la terreur, mais plutôt celle d'une reformulation si profonde de notre humanité que nous la ressentons comme un raz-de-marée qui s'abat violemment sur nous. Nous sommes maintenant la machine qui palpite, littéralement, la machine complexe, assoiffée de raison mais assujettie à la survie, obéissant à des processus algorithmiques mais capable de tendresse, battant au rythme d'un pouls de sang, de chair et de processus mécaniques.

Nous sommes à la fois machines et spiritualité, mécanismes et conscience ; nous sommes l'appareil qui sonde l'univers pour y trouver un sens (s'agit-il d'une preuve indubitable de notre humanité ? Difficile à dire puisque de nombreuses recherches suggèrent que la soif de sens, que l'anthropologue Pascal Boyer nomme hypertrophie de cognition sociale, ne serait qu'un mécanisme cognitif propre à la survie : imposer une raison au monde qui m'entoure facilite la prise de décision et l'organisation sociale[1]). Mais les états équivoques nous déstabilisent : les phénomènes, espèces et genres doivent être une chose ou l'autre car ainsi sommes-nous formés, génétiquement, à comprendre le monde et à y vivre. Le problème n'est donc pas uniquement que nous soyons incapables de comprendre les nouvelles lectures du monde, mais aussi que celles-ci nous apparaissent maintenant tel un palimpseste[2]. Nous voyons que le vivant et le non-vivant, l'individu et le collectif, l'organique et le non-organique, ne peuvent être dissociés l'un de l'autre et se lisent l'un *en* l'autre, constamment. Malgré tout, nous nous obstinons à les considérer séparément. Nous sommes tels ces scientifiques qui voyaient bien la terre tourner autour du soleil mais étaient incapables de l'accepter.

Pourquoi ce comportement ? Parce qu'il importe peu, dans la réalité biologique, que je puisse distinguer la forme sous-jacente de la forme dominante, les bactéries de l'humain par exemple, puisque chaque niveau de réalité peut se contenter, afin d'assurer sa survie, de ne reconnaître que les configurations qui lui sont visibles et de ne défendre que les modèles qui lui sont apparents. L'humain n'a pas à distinguer ni à défendre le microcosme car celui-ci est pris en charge par le système immunitaire. Le système immunitaire n'a pas à reconnaître les formes animales car celles-ci sont prises en charge par l'individu. Nous créons des séparations claires entre les objets, phénomènes, animaux et végétaux que nous voyons à l'œil nu car ce sont ces objets, phénomènes, animaux et végétaux que nous avons observés s'attaquer, se défendre, tenter, par tous les moyens, de sauvegarder une intégrité corporelle. Nous avons, à travers les millénaires, créé des distinctions nettes car nous pouvions voir la lutte pour ces distinctions. Une plante produit du poison, une fleur des épines, un mammifère des crocs et des muscles, un oiseau une vue perçante, chacun afin de protéger son intégrité corporelle. De ces observations sont nées nos catégories, nos représentations, bref, nos constructions du monde et de ses caractéristiques. Mais voilà que la réalité technologique nous fait voir d'autres luttes pour d'autres intégrités corporelles, dont certaines se lovent littéralement dans des corps que nous croyions uniques, individuels, autonomes. La réalité technologique nous fait donc voir que l'intégrité corporelle n'est pas absolue, qu'elle dépend du niveau de réalité observé. Un humain défend l'intégrité de son corps *au même moment* où la bactérie, qui loge en son estomac, protège son individualité à son propre niveau de réalité. La bactérie qui vit en l'humain ne cherche pas à protéger l'entité corporelle qui l'abrite, et elle n'est pas non plus « capable » de reconnaître cette entité. La bactérie ne « comprend » et ne défend que sa propre intégrité corporelle. Mais ce faisant, elle garantit aussi, indirectement, la cohérence organique de son hôte. Qui, alors, est ici défendu ? Quelle intégrité corporelle est ici secourue, protégée ? Celle de la bactérie ou celle de l'homme ? Comment délimiter ces intégrités corporelles entre elles ? Où se situe la frontière entre celles-ci ? Le vivant de cette planète, nous dit la réalité technologique, n'est pas une dynamique de phénomènes distincts qui s'influencent l'un l'autre (ainsi que la culture populaire le perçoit), mais bien une stratification d'impulsions (dans lesquelles il faut inclure intelligence et conscience) qui existent l'une dans l'autre, l'une par l'autre.

Qu'est-ce qu'un humain aujourd'hui ? Comment faut-il le penser, le dessiner, le sculpter ? Comment faut-il le comprendre, le concevoir, l'appréhender ? Comment peut-on, en lui, concilier l'être et l'algorithme, le conscient et le mécanique ?

Cette série de questions nous force à examiner notre passé, la définition et la redéfinition contemporaines de l'humain se posant par rapport à l'historicité de l'espèce. Qu'est-ce que, historiquement, paléoanthropologiquement, un être humain ? Comment celui-ci est-il venu au monde ? Que pouvons-nous apprendre, comprendre, appréhender de sa chronologie ? Posons-nous d'abord la question suivante : quelles caractéristiques distinguent le *sapiens* du Neandertal, l'*habilis* de l'*erectus* ? Certes, nous pouvons proposer la taille du cerveau, la structure de la gorge, l'équilibre du crâne sur la colonne vertébrale, mais cela n'explique pas l'immense différence entre les espèces d'hominidés qui ont peuplé cette planète. Alors que suggérer ? Sur quelle base poser notre recherche ?

Proposons que les caractéristiques les plus importantes que nous possédons et qui nous distinguent non seulement des animaux mais aussi de nos ancêtres, sont notre capacité de conceptualiser et notre relation extraordinaire aux outils.

Certes, nous ne pouvons que présumer de la capacité de conceptualisation des autres hominidés. Nous savons, par exemple, que le Neandertal en était, en partie du moins, doué[3] (puisqu'il enterrait ses morts). De plus, tout mammifère semble capable, au moins de façon primitive, de conceptualisation (sans laquelle aucune stratégie de survie ne serait possible). Mais seul l'*Homo sapiens* possède une capacité de conceptualisation complexe sur plusieurs paliers temporels et spatiaux à la fois.

Pourquoi l'humain en est-il seul capable ? Difficile de répondre à cette question mais il est probable que le langage, l'habileté à anticiper, la bipédie et même le régime alimentaire participent tous à cette poussée de la conceptualisation. La bipédie et la diète sont d'ailleurs des hypothèses qui reviennent souvent. Selon certains chercheurs, la bipédie aurait permis aux très anciens hominidés de dépenser moins d'énergie à se déplacer et d'en utiliser ainsi davantage à « nourrir » le cerveau [4]. Pour d'autres, elle aurait permis d'« affranchir » l'esprit en libérant la main [5]. Certains, enfin, lui accordent un rôle thermorégulateur : la bipédie, en offrant une meilleure aération du cerveau, aurait permis de mieux contrôler la température de celui-ci, aspect important du développement cognitif puisqu'une chaleur trop élevée nuit à la croissance de cet organe [6]. Quant à la diète de nos ancêtres, certains chercheurs y voient là aussi, en particulier chez nos ancêtres végétariens, une possible explication du développement de la conceptualisation. Pour Katharine Milton par exemple, la recherche et la cueillette de fruits forcèrent à la fois le développement de la vision (les fruits sont difficiles à distinguer au milieu de la forêt), le développement de cartes mentales (les arbres fruitiers sont souvent positionnés très loin les uns des autres) et la dynamique de groupe (puisqu'un animal ne peut manger à lui seul tous les fruits d'un arbre) [7]. Selon d'autres hypothèses, l'ingestion de viandes par certains de nos ancêtres aurait offert au cerveau la quantité de protéines et de calories nécessaires à son développement. Le cerveau est énergivore (au repos par exemple, 25 % de toute l'énergie du corps lui est consacrée) et seul un apport riche en calories lui aurait permis de se développer.

Bref, il y a près de deux cents millénaires, le *sapiens* apparaît sur cette planète. Que fait-il alors ? Comme tout autre mammifère, il explore la nature, lui donne forme et significations et la manipule. Comment ? En créant des outils (comme le langage ou le bâton). Mais alors que plusieurs autres espèces créent aussi des outils et que la création d'outils précède de beaucoup l'apparition de l'*Homo sapiens*, seul le *sapiens*, soudain, les conceptualise à outrance.

Là aussi, la question du pourquoi se pose. De nombreuses théories sont aujourd'hui avancées pour tenter d'y répondre. La plus intéressante est celle de l'« exaptation ». L'exaptation propose le « recyclage » des fonctions physiologiques, soit leur utilisation à des fins différentes de celles qui leur étaient attribuées originellement. La position particulière du larynx, par exemple, précède de beaucoup (600 000 av. J.-C.) l'apparition du *sapiens*, elle ne peut donc être apparue pour « répondre » aux besoins du langage. Peut-être servait-elle à l'origine une fonction autre (une respiration plus efficace peut-être)[8] ? Mais l'exaptation oblige aussi la cristallisation, puisque la confluence de caractéristiques originellement distinctes en un tout cohérent ne peut se produire sans un élément, ou un événement, déclencheur et rassembleur. Quel est cet événement dans le cas qui nous intéresse ? Pourquoi le *sapiens* voit-il soudainement de différentes caractéristiques converger et permettre la conceptualisation ? Plusieurs hypothèses sont proposées : la première est informationnelle. Elle suggère que l'archivage de l'information, dans les outils, les bijoux, l'art et le langage, aurait provoqué une explosion du besoin de conceptualisation. La deuxième est écologique. Elle propose que les grandes catastrophes environnementales auraient agi comme élément catalyseur en forçant les survivants à collaborer de façon sophistiquée. La troisième est oculomanuelle. Elle avance l'idée que le développement de la lance força les humains à chasser (et donc à conceptualiser) de façon de plus en plus élaborée. La quatrième est quantitative. Elle soutient que l'explosion démographique obligea les populations à trouver des façons plus efficaces de cohabiter. La cinquième, finalement, est évolutionniste. Elle évoque l'hypothèse qu'une mutation du cerveau favorisa l'apparition du langage et de la pensée symbolique et offrit un avantage évolutionniste important à ceux qui la subirent[9].

Conséquence ? Le *sapiens* peut percevoir et concevoir l'outil de manières multiples, complexes, nuancées. Désormais, pour le *sapiens*, l'outil n'est plus un dispositif rudimentaire à la fonction primaire (atteindre, toucher, casser) mais se transforme en *miroir*. L'outil, par la conceptualisation, devient un objet de réflexion (dans les deux sens du terme : réfléchir et refléter) et il force le *sapiens* à se regarder, à s'examiner, à se comprendre. L'outil, par la conceptualisation, oblige le *sapiens* à poser la question de son corps, de sa personne, de son être. Tous les outils font cela : du plus primitif, le bout de bois qui sert à décrocher le fruit et qui renvoie une image du bras, des mains, du corps, au plus complexe, le langage, qui retourne aux locuteurs des représentations de ce qu'ils sont, d'où ils sont, de ce et ceux qu'ils voient. *L'outil est à la fois une « surface » qui reflète et un accélérateur.* Il active le processus de complexification de la conceptualisation (car il renvoie plusieurs images de l'utilisateur, chaque utilisation spécifique de l'outil en proposant une image différente). Bref, l'outil est un acteur fondamental du développement humain. Sans outil, la complexification de la conceptualisation aurait probablement été beaucoup plus lente et se serait peut-être éventuellement sclérosée. Certes, la conceptualisation initiale (celle qui est produite, entre autres, par l'exaptation) permet la multiplication et la diversification des outils. Mais ce sont les outils qui précipitent et amplifient cette conceptualisation jusqu'à lui donner la complexité prodigieuse qui est sienne aujourd'hui. En fait, j'irais même beaucoup plus loin ici et avancerais que *l'outil est cocréateur de l'humain.* Ce n'est pas l'humain qui fait ou a fait l'outil (car de très nombreux animaux font des outils et rien ne distingue, *a priori*, les outils primitifs de l'un des outils primitifs de l'autre et cela ne peut donc expliquer l'étrange complexification qu'en font les humains), *ce sont les outils qui ont fait l'humain.* Certes, l'outil n'a pas littéralement donné naissance au *sapiens*, certes le *sapiens* naît indépendamment de l'outil, mais sans la multiplication cognitive offerte par outil, l'humain tel que nous le connaissons n'existe pas.

Que veux-je dire par cela ? Qu'est-ce qui différencie l'*Homo sapiens* d'il y a deux cent mille ans de l'humain moderne (à part la taille du cerveau[10]) ? Aucune au niveau génétique. Mais au niveau culturel ? La différence est énorme. Si nos corps n'ont pas changé, notre environnement culturel, lui, n'a pas cessé de se diversifier et de se complexifier. Comment ? Par la multiplication des outils. C'est la prolifération des outils qui sépare l'*Homo sapiens* de l'humain moderne. L'*Homo sapiens* vit en petit groupe, dans des aires géographiques limitées. Son utilisation des outils et sa culture le sont tout autant. L'humain moderne, lui, vit dans des groupes de plus en plus importants et de plus en plus variés qui couvrent la quasi-totalité de la planète. L'humain moderne vit dans une culture complexe car les outils lui offrent la chance de le faire. Qu'est-ce à dire ? Eh bien que la civilisation n'est pas dépendante de l'humain mais des outils. *C'est dans l'outil qu'existe la civilisation.*

Qu'est-ce qui permet la civilisation ? La capacité de conserver et d'archiver l'information. Sans cette capacité, l'accumulation de connaissances ne peut se produire. Sans cette capacité, il n'y a ni agriculture, ni partage des ressources cognitives. Mais qui ou quoi archive ? Comment archiver ? La capacité mémorielle de l'*Homo sapiens* étant limitée (son rayon d'action se limite à la survie), comment l'amplifier, la multiplier, la rendre plus efficace ?

En l'extrayant du cerveau humain. En la mécanisant. En la plaquant sur l'environnement. Bref, en créant et en multipliant les outils.

Un outil garde, dans sa forme, sa fonction et son fonctionnement, l'information qui a permis sa création. Qui plus est, un outil conserve, dans sa forme, sa fonction et son fonctionnement, non seulement le reflet de celui qui l'a créé mais aussi la capacité de refléter l'« image » de ceux qui l'utilisent. L'outil permet la complexification de la conceptualisation, *mais il permet aussi de conserver cette conceptualisation.* Un outil reflète, complexifie et archive la pensée humaine. L'outil permet à l'homme primitif de devenir humain en lui donnant les ressources mémorielles et conceptualisantes qui créeront la civilisation.

Car qu'est-ce que la civilisation ? La stratification et la diversification des outils et de leur utilisation. Qu'est-ce qui distingue la civilisation de la meute, du groupe, du clan ou de la famille ? Sa taille, certes, mais cela n'explique pas tout car de nombreux insectes (les termites et les fourmis par exemple) vivent dans des communautés qui peuvent, de par leur dimension et leurs actions, se comparer (en partie du moins) aux communautés humaines. La civilisation est beaucoup plus que la simple capacité de vivre en groupe. Une civilisation accumule l'information et produit, grâce à cette information, des représentations de plus en plus sophistiquées. En fait, au-delà même de la complexification, c'est la conceptualisation qui caractérise la civilisation. La vie, l'essence, le but d'une civilisation sont de conceptualiser, c'est-à-dire de modifier l'environnement en une structure manipulable et pétrissable. La civilisation « regarde » l'environnement, le transforme en concepts, le simule puis le manipule. Pour la civilisation, l'environnement est, littéralement, une idée, une représentation, une évocation.

Mais la conceptualisation n'est possible que par l'archivage d'informations. Le but premier du cerveau étant de survivre, sa faculté de réflexion sur et à propos de l'environnement est normalement limitée à la survie. Cependant, c'est ce qui dépasse la survie, ce qui existe au-delà ou en deçà de celle-ci qui permet la conceptualisation. *C'est ce qui n'est pas directement saisissable par les sens qui permet de créer l'humain* (puisque l'humain se définit par sa capacité de conceptualiser). *Et seul l'outil permet de capter l'insaisissable.* L'outil permet de saisir, d'archiver, de simuler et de reproduire. L'outil permet à l'humain d'avoir accès à des niveaux de réalité qui forcent la conceptualisation et obligent la complexification de l'entendement. L'outil ouvre la porte à la civilisation. L'outil crée l'humain. L'outil n'est pas extérieur à l'humain, il ne lui est pas étranger. L'outil est l'humain. L'un n'existe pas sans l'autre. L'un ne se complexifie pas sans l'autre.

Et là se situe la différence fondamentale entre l'humain moderne et l'homme primitif, bien que l'un et l'autre soient le même être physiologique. L'*Homo sapiens* vit dans des ébauches de civilisation, dans des esquisses de civilisation, là où l'outil, bien qu'il serve déjà à saisir, archiver, simuler et reproduire n'existe pas en quantité suffisante pour permettre l'explosion de la civilisation. Pour qu'il y ait civilisation, et pour qu'il y ait apparition de l'être humain, le nombre d'outils disponibles doit atteindre une densité minimale élevée.

C'est par le langage que cette densité apparaît pour la première fois.

Le langage permet une multiplication presque infinie de la quantité d'outils disponibles (puisque le langage est lui-même un outil, un mécanisme, une technologie). Le langage permet de saisir, d'archiver, de simuler et de reproduire. Il permet d'accéder à des niveaux de réalité que notre cerveau biologique ne peut atteindre. Il permet la conceptualisation. Mais plus encore, il est l'intériorisation de l'outil, sa pénétration en l'homme, la première, et fondamentale, transformation de notre espèce. Par le langage, l'homme primitif devient, non plus un être organique, enchevêtré à la nature, mais bien un être humain : une entité mi-biologique, mi-technologique dont le but ultime, la survie, ne passe plus uniquement par les sens mais aussi par la conceptualisation. McLuhan proposait la technologie comme extension du système nerveux de l'humain. Proposons ici le contraire : le langage est l'extension de la technologie en l'être humain.

Qu'est-ce à dire ? Eh bien qu'une des pistes de réponse pour tenter de mieux comprendre la condition inhumaine se situe peut-être là. Pour saisir le sens de ce monde étrange qui est le nôtre aujourd'hui, il faut cesser de définir l'humain et la technologie de façon séparée. L'humain et l'inhumain, l'humain et la technologie ne sont pas des dynamiques autonomes, mais bien un seul et même système. Sans outil, le cerveau ne fait que survivre, il n'est que cerveau animal. Avec l'outil, le cerveau se prolonge dans le monde qui l'entoure et devient humain. Parallèlement, sans cerveau, l'outil ne peut voir le jour, il ne peut être multiplié, disséminé, complexifié. L'humain et l'outil coévoluent, la survie de l'un dépendant de celle de l'autre. Il ne s'agit pas ici de faire de la science-fiction, simplement de comprendre que sans outil, l'humain contemporain, celui de la civilisation (celui qui a, à peine, 5 000 ans) n'existerait pas, du moins pas sous la forme que nous lui connaissons. Sans outil, le *sapiens* serait un hominidé évolué mais il ne serait pas humain. Sans l'humain, l'outil, quant à lui, serait encore et toujours cet objet primitif (le bâton, la pierre, le cri, le langage élémentaire) dont la forme, la fonction et le fonctionnement ne serviraient toujours qu'à une tâche précise. Par le cerveau, non seulement l'outil se dissémine-t-il mais il se complexifie. Ensemble, l'outil et le cerveau découpent le réel et y voient de nouvelles strates. Ensemble, l'outil et le cerveau créent la réalité technologique, cette réalité qui permet à l'humain de contrôler de façon toujours plus précise son environnement et qui offre à l'outil l'occasion de se diversifier et de se disséminer dans les strates du réel. En créant puis en exploitant la réalité technologique, humains et outils favorisent leur survie.

Sans outil, le cerveau ne fait que survivre, il ne répond qu'à une nécessité, subsister, il ne cherche à assouvir qu'un besoin, se reproduire. Sans outil, l'humain aurait été incapable de transformer son univers en une vaste représentation et en une infinie conceptualisation qui lui permettent de vivre plus longtemps et de se reproduire plus souvent.

Mais si cela est le cas, alors le monde dans lequel nous sommes, ce monde où pullulent des technologies de toutes sortes, ce monde dont le tissu, de jour en jour, devient moins organique et plus technologique, est sur le point de basculer. Tout autour de nous, les outils se multiplient à une vitesse étonnante. Plus inquiétant encore, ils le font maintenant de façon quasi autonome (il ne s'agit pas simplement de ces chaînes de montage presque entièrement robotisées, mais de la structure même de l'outil : chaque outil provoque l'apparition d'autres outils. L'ordinateur demande le logiciel, le logiciel exige l'interface graphique, l'interface graphique commande l'écran couleur, etc.). Qui plus est, les outils insèrent des couches infinies de conceptualisations et de langages dans l'environnement. Un microscope, par exemple, permet de voir des couches de réalité inaccessibles à l'œil nu, mais il force aussi une compréhension, au-delà, par-delà la réalité biologique. Le microscope oblige la conceptualisation (car ce qu'il donne à voir est étranger à notre réalité biologique), il impose un langage particulier. Il en est ainsi de toutes les technologies, de tous les outils, même les plus anciens, même les plus primitifs. Une grue, qu'elle soit en bois ou en métal, est un outil qui provoque la conceptualisation et l'imposition d'un langage : comment conceptualiser la force et l'effort d'une grue afin de mieux l'utiliser ? Quel langage utiliser pour exprimer, et conserver, cette nouvelle information ? Quelle interprétation en faire, comment s'en servir pour mieux comprendre ce monde qui nous entoure et ce corps qui est le nôtre ? L'outil, la technologie, la machine vont non seulement dévoiler des niveaux de réalité insoupçonnés, mais ils vont aussi imposer d'innombrables couches de conceptualisations dont nous ne pouvons plus, aujourd'hui, nous abstraire.

Notre monde est fait d'un nombre incalculable d'outils, les uns plus complexes que les autres. Il est tissé d'infinis langages et conceptualisations machines. Il glisse sans fin vers des abstractions, représentations et virtualités qui ne correspondent plus à la dimension biologique de notre existence. Il se prolonge dans des structures qui dépassent maintenant notre entendement. L'outil ne reflète plus simplement l'humanité, il construit ses propres structures, son propre environnement, ses propres conceptualisations et langages.

Faisons-nous face à une nouvelle dynamique de vie, d'évolution, d'humanité ? Nous faisons face à la condition inhumaine : cet état où le monde échappe à l'humain et à sa réalité biologique. Voilà d'ailleurs notre malaise, notre dilemme : nous vivons dans un monde qui délaisse la biologie alors que nous y sommes enchaînés (certes, le corps peut être transformé, mais plus nous le manipulons et moins nous sommes humains). Voilà aussi ce qu'est la condition inhumaine : le malaise entre la conceptualisation sans fin, la remise en question de la réalité biologique, l'apparition de langages machines et l'incapacité d'y adapter notre corps sans nous dénaturer. De là, les tensions que subit le corps. De là, les chirurgies, manipulations, blessures, métamorphoses auxquelles nous le soumettons.

La condition inhumaine dit la chose suivante : l'outil, ses conceptualisations, ses archivages d'informations et ses langages ont pris une importance telle qu'il faut maintenant songer à redéfinir l'idée même de civilisation humaine, de société humaine. Depuis toujours, nous avons considéré outils, technologies et langages comme des structures qui existaient pour répondre à nos besoins. La condition inhumaine soutient qu'il s'agit peut-être là d'une erreur. Du moins, qu'il est vital de revoir et repenser cette relation. Peut-être est-ce l'humain qui répond au besoin de ses outils, technologies, langages ?

Chapitre IV

LA CULTURE INHUMAINE

En 1976, dans *Le Gène égoïste*, livre remarquable dont l'impact sur la pensée évolutionniste fut énorme, Richard Dawkins écrivait ce qui suit :

> [...] Existera-t-il encore un principe général applicable à toute forme de vie ? Je n'en sais rien, mais s'il fallait parier je miserais sur un seul principe fondamental : la loi selon laquelle toute vie évolue par la survie différentielle d'entités qui se répliquent. Il se trouve que les gènes et la molécule d'ADN constituent les entités capables de se répliquer qui prévalent sur notre planète. Il peut y en avoir d'autres. Si elles existent, à condition que d'autres exigences soient remplies, elles deviendront presque inévitablement la base d'un processus évolutionnaire. Nous faudra-t-il aller dans les mondes lointains pour trouver d'autres sortes de réplicateurs et d'autres genres d'évolution ? Je pense qu'un nouveau type de réplicateur est apparu récemment sur notre planète ; il nous regarde bien en face. C'est encore un enfant, il se déplace maladroitement dans la soupe originelle, mais subit déjà un changement évolutionnaire à une cadence qui laisse les

vieux gènes pantelants et loin derrière. La nouvelle soupe est celle de la culture humaine[1].

Si cet extrait est surprenant, s'il soulève de nombreuses questions, il pose aussi les fondations d'une « algorithmie du vivant » qui va au-delà de la biologie. Pour Dawkins, la culture, comme le vivant, n'est pas un phénomène mystérieux, évanescent, ineffable ; l'un comme l'autre sont des programmes informationnels dont l'objectif unique est la multiplication. En fait, nous dit-il, la culture doit être perçue comme une série d'unités idéologiques qui se propagent d'un cerveau à l'autre comme le font les virus de corps à corps. Dawkins invente le terme « mèmes » (*mème* ressemble à *gène* et à l'adverbe *même*) afin de définir ces véritables idées/virus qui peupleraient l'écosystème comme le font les gènes et auraient une profonde influence sur l'évolution[2].

On trouve des exemples de mèmes dans la musique, les idées, les phrases clés, la mode vestimentaire, la manière de faire des pots ou de construire des arches. Tout comme les gènes se propagent dans le pool génique en sautant de corps en corps par le biais des spermatozoïdes et des ovocytes, les mèmes se propagent dans le pool des mèmes, en sautant de cerveau en cerveau par un processus qui, au sens large, pourrait être qualifié d'imitation. Si un scientifique, dans ce qu'il lit ou entend, trouve une bonne idée, il la transmet à ses collègues et à ses étudiants, la mentionnant dans ses articles et dans ses cours. Si l'idée éveille de l'intérêt, on peut dire qu'elle se propage elle-même d'un cerveau à l'autre. Comme mon collègue N.K. Humphrey l'a résumé clairement : « [...] les mèmes devraient être considérés techniquement comme des structures vivantes, et non pas simplement comme des métaphores. Lorsque vous plantez un mème fertile dans mon esprit, vous parasitez littéralement mon cerveau, le transformant ainsi en un véhicule destiné à propager le mème, exactement comme un virus peut parasiter le mécanisme génétique d'une cellule hôte. Ce n'est pas seulement une façon de parler. Le mème pour, par exemple, "la croyance en la vie après la mort" existe physiquement à plusieurs millions d'exemplaires, comme l'est une structure dans le système nerveux humain[3]. »

Notons ici que ce concept, bien que frappant, n'eut pas un impact immédiat. Pour cela, il fallut attendre l'explosion de la cyberculture, rendue possible par l'apparition des ordinateurs personnels en 1984 (et par l'invention du langage HTML et du protocole HTTP en 1989 et 1990, suivi du premier navigateur, Mosaic, en 1993). Dans le terreau informationnel fertile que sont ordinateurs et web, le concept de mèmes se multiplia de façon étonnante et fit la preuve, en quelque sorte, de sa légitimité[4]. Aujourd'hui, le terme « mème » correspond à dix-neuf millions d'entrées sur Google et est recensé dans le dictionnaire Merriam Webster.

Mais qu'est-ce qu'un mème ? Pour Dawkins, il s'agit, à la base, d'un réplicateur. Un réplicateur est une dynamique d'informations dont le but unique est la multiplication. Un gène est un réplicateur. Un mème est un réplicateur. Un être vivant est une dynamique de réplicateurs. Le réplicateur n'a qu'un objectif : survivre, et deux moyens de le faire : se multiplier et se disséminer. Pour ce faire, il construit des gènes. Ces gènes, quant à eux, construisent des êtres vivants que Dawkins appelle « véhicules de survie ».

À la base de tout le vivant se trouve donc le réplicateur, simple unité de multiplication de l'information.

Selon Dawkins, c'est à partir de ce point de vue qu'il faut comprendre l'évolution : ce n'est pas l'espèce ou l'individu qui tente de survivre, mais bien le réplicateur par l'entremise du gène (d'où le titre de son livre *Le Gène égoïste*). Cette idée qui est parfois contestée (car, disent les critiques, le gène ne peut être la composante de base de l'évolution puisque ce sont les individus, et non les gènes, qui rivalisent entre eux dans l'environnement) n'en reste pas moins fondamentale et aura un impact énorme sur la pensée contemporaine.

Cela étant, le concept du mème est resté, malgré les années et malgré sa popularité, relativement mal défini. Un mème est un réplicateur, certes, un mème est une idée-virus, certes, mais cela demeure abstrait. Qu'est-ce que, précisément, un mème[5] ? Comment se propage-t-il exactement ? Comment assure-t-il sa survie, influence-t-il l'humanité, manipule-t-il l'écosystème, transforme-t-il le cerveau ?

Depuis l'invention du terme, nombreux sont les chercheurs et penseurs qui s'y sont arrêtés et ont tenté de le définir. Le concept d'idée-virus semble tout à fait approprié à la relation que nous avons à l'information, aux représentations, à la culture. L'idéologie (dans le sens des idées) paraît effectivement traverser la cognition, influencer l'humain, le « protéger » d'autres contaminations (puisqu'il est impossible de croire en deux concepts divergents en même temps[6]). Elle semble effectivement être capable de sacrifier des êtres vivants pour assurer sa dissémination (n'est-ce pas ce que font les doctrines politiques ?). Malgré cela, personne n'a encore réussi à définir le mème de façon satisfaisante. Pourquoi ? Est-ce parce que nous ne savons où regarder, comment regarder ? Est-ce parce que nous ne possédons pas encore les outils nécessaires à son identification ? Est-ce, tout simplement, parce que nous ne comprenons pas comment le même se manifeste ? Des éléments de réponse se cachent probablement dans chacune de ces questions. Mais la raison principale de notre incapacité à définir le mème me semble autre. Nous croyons le mème difficilement cernable car les recherches se sont focalisées sur le cerveau. Où se blottit, se cache, s'enchevêtre le mème dans le cerveau ? se sont demandé les chercheurs. Quelles relations électriques, chimiques, organiques se tissent entre mèmes et neurones ? Comment le mème se multiplie-t-il dans le cerveau ?

Mais cette approche est erronée.

Car si le gène se perçoit lorsqu'il se cristallise dans un être vivant (et dans la relation de cet être à son environnement, ce qu'on nomme le phénotype), alors le mème se manifeste lorsqu'il se matérialise dans l'outil. Qu'est-ce à dire ? Si le corps est le véhicule de survie du gène, alors l'outil est celui du mème. *L'outil est la cristallisation du mème*. Il est son enveloppe, sa peau, sa chair ; le mème s'exprime dans et par l'outil, sa présence dans le réel est portée par celui-ci.

Certes, l'outil-mème ne peut exister sans cerveaux. L'erreur que nous faisons cependant est de croire que le cerveau est le créateur de l'outil-mème alors qu'il n'en est que le multiplicateur. *Ce n'est pas la pensée qui produit le mème, qui développe l'outil, mais bien le contraire*. Je m'explique : le réplicateur, fondation du vivant selon Dawkins, cherche, par tous les moyens, à se multiplier. À l'apparition de la vie sur cette planète, la matière organique est abondante. Le réplicateur utilisera donc cette matière pour former des gènes puis assembler des véhicules de survie (des êtres vivants). Mais les véhicules de survie font face à d'innombrables pressions de l'environnement, et doivent, de ce fait, se complexifier. De ce besoin naissent systèmes nerveux et immunitaire puis, pour certains, système cognitif. Grâce au système cognitif, le réplicateur trouve de nouvelles façons de se multiplier (les idées, la culture, l'apprentissage). De cette multiplication mémétique naît, chez certains animaux, l'outil. L'outil n'est pas le produit du cerveau mais bien *celui du réplicateur utilisant le cerveau*. L'outil est le produit de la « volonté » du réplicateur de se multiplier. Le cerveau n'est que le catalyseur de ce processus.

En fait, la relation cerveau/outil-mème est plus complexe que ne le suggère ce simple résumé : cerveau et outil-mème existent et se développent en coévolution. Qu'est-ce que la coévolution ? C'est l'enchevêtrement si profond entre deux espèces que la progression de l'une est intimement liée à celle de l'autre. La coévolution peut être compétitive (la relation entre système immunitaire et parasites par exemple) ou associative. La coévolution associative est la mise en commun de qualités et de caractéristiques de deux espèces afin de mieux résister aux pressions de l'environnement. Les bactéries qui vivent dans notre estomac en sont un bon exemple : leur présence nous permet de digérer des aliments importants ; en retour, les voici protégées par notre enveloppe corporelle.

Mais si ce phénomène est commun et connu, si nombre de biologistes l'ont observé, rares sont ceux qui ont tenté de l'identifier au-delà de la dimension organique. Et pourtant, il ne fait aucun doute que l'humain (et, à un moindre niveau, plusieurs espèces de mammifères grégaires) et l'outil-mème coévoluent de façon étroite. L'outil-mème permet à l'humain de vivre mieux, de résister aux pressions terrifiantes de l'environnement, de contrôler plus efficacement les aléas de celui-ci, de manger mieux, boire mieux, de moins souffrir du froid, de la maladie, de la douleur. Mais plus encore, l'outil-mème crée les conditions nécessaires à l'émergence de l'humain, lui offrant non seulement la possibilité de saisir, archiver et simuler l'information, mais aussi de se voir et de se conceptualiser en et par elle. L'outil-mème promet non seulement une existence plus longue, moins douloureuse, plus efficace, mais il permet aussi la complexification de la conceptualisation nécessaire à l'apparition de l'humanité.

Mais l'outil-mème n'est pas en reste car, en échange, l'humain lui permet de se disséminer, de se multiplier et de se complexifier. Sans l'humain, l'outil-mème demeure primitif, ses fonctions restent rudimentaires, sa capacité de multiplication et de dissémination grandement handicapée. Les outils des animaux sont toujours, à peu de chose près, identiques et, surtout, n'évoluent pas. Le bâton que le gorille utilise pour attraper des fourmis ne change pas et ne se complexifie pas. Alors qu'au contact de l'humain, en coévoluant avec l'humain, l'outil ne cesse de se multiplier, de se complexifier et surtout de se diviser en d'innombrables familles. Le silex est devenu le scalpel, la grue, le laser, la perceuse, la foreuse. Pourquoi ? Parce que l'outil-mème, comme n'importe quel réplicateur, est soumis aux pressions de l'évolution. Qu'est-ce à dire ? Que plus une espèce – ou un taxon[7] – est diversifiée, plus ses chances de survie sont grandes. Plus une espèce est homogène, plus elle est menacée. C'est aussi le cas de l'outil-mème. C'est en coévoluant avec le cerveau que l'outil-mème se propage, se multiplie, colonise les territoires, les géographies et les environnements. C'est en coévoluant avec le cerveau que l'outil-mème s'empare du monde humain, animal, végétal et assure sa survie.

Il est certes difficile d'accepter qu'un outil-mème puisse manifester la « volonté » de survivre et de se disséminer. Mais la volonté des outils-mèmes est identique à celle des bactéries et des insectes : il s'agit d'une volition non pas consciente mais informationnelle. Bactéries et outils-mèmes possèdent une volonté de réplicateurs : le désir de se multiplier fonde leur spécificité.

Regardons le tout de plus près.

Le nombre d'outils-mèmes est, aujourd'hui, immense, de beaucoup supérieur à celui des humains (plusieurs caractéristiques de l'outil-mème semblent aussi propres aux insectes). Leur impact sur l'environnement est incontestable, celui sur l'être humain indéniable (tant au niveau physique et cognitif que psychologique). Rappelons-nous le début de ce livre : les machines nous enfantent. Eh bien, non seulement nous enfantent-elles physiquement, mais elles nous enfantent aussi phénoménologiquement, ontologiquement. *Sans machine, nous ne sommes pas humains*. Les outils-mèmes ne sont ni des prothèses ni des excroissances maladives dont nous pourrons un jour, si nous le désirons, nous débarrasser (ainsi que toute une frange de la population, tant de droite que de gauche, le prétend). Les outils-mèmes sont des partenaires de l'homme. Nous leur permettons de survivre et de se disséminer et en retour ceux-ci nous offrent l'humanité. Conséquence ? Non seulement ne pouvons-nous plus vivre sans outils-mèmes, mais nous ne pouvons plus nous en débarrasser. Ceux-ci font maintenant partie intégrante du tissu planétaire. Les outils-mèmes sont des réplicateurs tels les gènes ; tels les gènes, ils sont indissociables de l'environnement.

L'automobile est un exemple intéressant de ce phénomène. Voici un outil-mème qui nous semble néfaste et dont tous, ou presque, souhaitent la disparition (il serait plus précis de dire que l'automobile est un amalgame d'outils-mèmes. L'automobile, comme nombre d'outils-mèmes complexes, tel l'avion, est moins un objet qu'une collectivité d'objets). Et pourtant, le nombre d'automobiles ne cesse d'augmenter. Pourquoi ? Parce que ces machines font non seulement partie du tissu planétaire, mais participent aussi activement à la présence et à la spécificité humaines en ce XXIe siècle. Vont-elles changer ? Sans aucun doute, leur mode de propulsion étant appelé à une plus grande efficacité, à une pollution moindre. Mais l'automobile, en tant qu'outil-mème, ne disparaîtra pas. Tout comme ne disparaîtront pas les réseaux de télécommunications, Internet en particulier. Ces derniers sont aujourd'hui si enchevêtrés, non seulement dans la condition humaine mais aussi dans l'environnement, que s'en débarrasser provoquerait des bouleversements d'une violence extrême. Par les réseaux de télécommunications, et par

Internet en particulier, transitent non seulement presque toute l'information produite par les humains (et par l'environnement) mais aussi presque toute celle *au sujet* des humains. Bibliothèques, banques, données gouvernementales, textes académiques, archives historiques, informations médicales, images satellites, contrats, énoncés juridiques, littérature, informations militaires, plans architecturaux, salaires, rien aujourd'hui n'échappe à ce réseau. La presque totalité de nos représentations et de nos conceptualisations y niche. *Dans les réseaux de télécommunications se cachent la preuve, la conviction de notre existence*. Détruire ces réseaux est détruire l'humanité telle que nous la vivons aujourd'hui. Sans réseaux, les traces de notre présence sur cette planète disparaîtraient, les témoignages de notre prolongement dans le temps s'envoleraient. Sans réseaux, l'histoire humaine ne deviendrait plus que souvenirs, légendes, mythes. Sans réseaux, nous serions emprisonnés dans le présent, incapables d'accéder aux informations amassées dans le passé, incapables de les prolonger dans le futur. Bref, l'outil-mème et l'humain coévoluent de façon si serrée qu'il n'est plus possible de considérer l'un sans considérer l'autre.

Mais si l'outil-mème est un véhicule de survie de réplicateurs, quel genre de véhicule de survie est-il ? À l'origine, l'outil-mème est tel un parasite car sa survie et sa reproduction dépendent entièrement de l'hôte (« à l'origine », car de nombreux outils-mèmes sont maintenant créés par d'autres outils). L'outil-mème est telle une colonie d'insectes, ou, pour être plus précis, telle une colonie de bactéries. Le bagage informationnel de chaque outil est, à l'origine, simple, et sa capacité de survie est faible (l'outil-mème qu'est le bâton ne peut résister à la disparition de son hôte). Mais trois stratégies de survie font leur apparition. La première est la coévolution, la deuxième est la communication, la troisième est la modification de l'environnement.

L'outil-mème coévolue avec l'humain, nous l'avons bien vu. Mais cela n'est pas suffisant pour assurer sa permanence au-delà des aléas environnementaux. Comme toute dynamique de l'écosystème, l'outil, pour survivre, doit aussi transformer l'environnement et le sculpter à sa mesure ; pour ce faire, il doit communiquer avec d'autres outils et opérer en groupe, sur ce même environnement, les transformations nécessaires à sa reproduction et à sa dissémination. Comme le fait le vivant (en insérant des passages, des abris, des remises, des signes dans l'environnement, en y installant des méthodes de défense, en y dispersant des stratégies d'attaque, en y introduisant des attitudes sexuelles), l'outil-mème contamine l'environnement de ses nécessités et le transforme selon ses besoins.

Une parenthèse est ici nécessaire pour préciser que cette transformation de l'environnement n'est pas unique à l'ère moderne. Toutes les cultures, à toutes les époques, ont opéré sur l'environnement, grâce à leurs outils, des modifications qui ont bouleversé des écosystèmes entiers. Au-delà de l'exemple courant de la destruction de l'île de Pâques, d'autres exemples moins connus et pourtant aussi frappants ont récemment été recensés. Celui de la forêt amazonienne, symbole contemporain de « pureté » environnementale, est probablement le plus intéressant. Ainsi, des recherches récentes ont prouvé que les Indiens de l'Amazonie avaient modifié, transformé et terraformé la forêt amazonienne (allant jusqu'à insérer des bactéries dans le sol pour y faciliter la création de terres fertiles) *bien avant l'arrivée des Européens*. Les estimations prudentes suggèrent que 10 % de la surface de cette immense forêt aurait été profondément manipulée par les Indiens avant l'arrivée des Blancs. De façon encore plus intéressante, certains chercheurs vont jusqu'à avancer que la forêt « vierge » que découvrirent les explorateurs européens l'était beaucoup plus au XVIIIe siècle qu'elle ne l'avait été au XVIe siècle et que ce retour à un état virginal avait été créé par l'arrivée des Blancs ! Les pertes importantes de vies que provoqua cette arrivée auraient stoppé net le développement entrepris sur cette forêt par les autochtones [8].

Les outils-mèmes, comme toute dynamique de l'écosystème, contaminent ainsi l'environnement par leur présence et tentent de le transformer à leur mesure. Pour ce faire, les outils-mèmes, comme les bactéries, échangent entre eux des stratégies de survie, de dissémination et de parasitage. Comment ? En utilisant, là aussi, la coévolution. Dès qu'un outil-mème assure une meilleure survie de son hôte, il voit cet hôte le partager avec d'autres membres de son espèce (et ce, par divers moyens : commerce, culture, guerres, imitation, etc.). Le meilleur exemple en est le langage. Le langage est un outil-mème dont la reproduction, la dissémination et la survie dans l'espace et le temps sont parfaitement dépendantes de l'hôte. En améliorant la qualité de vie de l'humain, le langage s'assure une croissance et une dissémination rapides puisque les êtres qui parlent sont alors dominants au niveau de l'évolution. Qui plus est, le langage est un outil d'information. La production, transmission, dissémination et réception de l'information fondent la raison d'être de cet outil. Les langages sont donc appelés à se rencontrer, à s'influencer, à se contaminer. Tous sont appelés à se nourrir l'un de l'autre.

Bref, les outils-mèmes communiquent entre eux, partagent de l'information et se donnent littéralement naissance (puisqu'un outil demande toujours la création d'un autre outil). Comme cela est le cas pour toute dynamique de l'écosystème, c'est dans et par la collectivité, la multiplicité et l'échange que la survie des outils-mèmes est assurée. Mais la collectivité n'est efficace que si elle est coordonnée. À cela, encore une fois, toutes les dynamiques de l'écosystème sont soumises : migration, reproduction, protection des jeunes, nidification, structure sociale, etc., tous les êtres vivants, sans exception, fonctionnent, dans leurs comportements les plus fondamentaux, de façon collective. Tous les êtres vivants, sans exception, reçoivent, envoient et échangent de l'information avec la collectivité (de façon chimique, sonore ou visuelle). Tous, sans exception, vivent en partie sous la gouvernance de la collectivité et sont partie intégrante d'une intelligence collective.

Il est nécessaire d'examiner quelque peu ce phénomène car il a été abondamment critiqué et surtout mal compris. L'intelligence collective est un concept absurde, ont suggéré les opposants à cette idée, car nulle part on ne peut voir de conscience globale, singulière, unifiée. Mais comme l'ont toujours prétendu Pierre Lévy, Derrick de Kerckhove, Kevin Kelly, Howard Bloom et Steven Johnson, l'intelligence collective est, par définition, décentralisée et ne possède pas de point de repère, de source en amont ou de résultat clair en aval. Qui plus est, intelligence et conscience sont deux concepts dont l'équation n'est pas parfaite. Certes, s'il y a intelligence, il y a, au moins, proto-conscience (l'insecte qui réagit à son environnement, celui qui répond aux attaques du prédateur doit avoir, au moins en partie, suffisamment « conscience » de son entité pour vouloir la défendre), mais la conscience telle que nous l'entendons, cette conscience qui réussit à se percevoir en train de percevoir, cette conscience qui se considère unique, individuelle et autonome, est, semble-t-il, un phénomène parallèle à l'intelligence. Le concept d'intelligence collective ne propose pas l'émergence d'un tel phénomène. Voilà l'erreur qu'ont commise les opposants à l'intelligence collective. S'il y a conscience dans l'intelligence collective, celle-ci est primaire, primitive, elle a pour but la survie, la multiplication et la protection de l'entité collective. Mais elle n'est pas conscience qui s'autoréfléchit.

L'intelligence collective est *une coordination décentralisée* dont le but est la dissémination, dans l'espace et le temps, de l'information propre à un groupe de phénomènes ou d'individus. En fait, *l'intelligence collective est une interface*, un lieu de rencontre entre l'information et la réplication. Dans l'intelligence collective se croisent réplicateurs et données environnementales (biologiques, météorologiques, chimiques)[9]. L'intelligence collective est un flot informationnel fonctionnant au moyen de quelques structures de base assez simples (la coordination des oiseaux en vol, par exemple, repose sur trois principes découverts par Craig Reynolds : les oiseaux doivent tendre vers le centre de la volée, ils doivent éviter leurs voisins les plus proches et ils doivent voler à la même vitesse que ceux-ci[10]). Ce flot, dont le but est de maintenir l'intégrité de la collectivité, coule de l'environnement à l'individu en passant par le groupe. En fait, le terme d'intelligence collective est la partie visible de la coordination et de la communication des groupes, meutes, essaims, troupeaux et bandes. L'intelligence collective est donc un acteur fondamental de la dynamique des groupes qui doivent, s'ils veulent survivre, être capables de se multiplier et de se disséminer de façon harmonisée. D'où, d'ailleurs, le concept d'espèces : car qu'est-ce qu'une espèce si ce n'est un groupe d'animaux dont le comportement est cohérent, collectif, coordonné ? D'où, d'ailleurs, le concept d'être vivant : car qu'est-ce qu'un être vivant si ce n'est un collectif de dynamiques, de réactions chimiques, de recherches d'équilibre et d'animaux (telles les bactéries) dont le « comportement » est cohérent, collectif, coordonné ? L'intelligence collective existe à tous les niveaux du vivant : tant dans le groupe d'individus qui forment la ruche, la fourmilière ou la nation, que dans le groupe de phénomènes qui forment l'individu, le système immunitaire ou nerveux. Poussons plus loin notre réflexion et suggérons qu'il s'agit aussi de la structure qui gère le cerveau. Qu'est-ce que la pensée si ce n'est la coordination des neurones, dendrites et courants électriques ? L'intelligence de l'humain est elle-même intelligence collective[11]. L'individu humain est lui-même collectivité intelligente et coordonnée.

Mentionnons ici que plusieurs chercheurs parlent aujourd'hui de « smart mobs » plutôt que d'intelligence collective. Les « smart mobs » sont ces collectivités, sans autorité centrale, sans mécanisme hiérarchique de prise de décision ou de contrôle, qui se créent de façon autonome afin de « résoudre » un problème. Certains smart mobs apparaissent puis disparaissent presque instantanément (tels ces groupes de jeunes qui, utilisant le téléphone portable, se réunissent en quelques minutes afin de résoudre un problème social, faire entendre leur voix ou tout simplement pour le plaisir de la chose [12]). D'autres sont beaucoup plus stables et leurs buts beaucoup plus clairs : il en est ainsi de ces groupes de discussions, d'échanges ou de troc (tel eBay) contrôlés, gérés, surveillés, non pas par une autorité centrale mais bien par la collectivité elle-même. Par l'utilisation de dynamiques telles la réciprocité des actions positives ou négatives (ou, plus simplement, le *Tit for Tat*), la coopération entre membres du groupe, la nécessité de maintenir sa réputation et de surveiller celle des autres, la cajolerie sociale *(social grooming)* et la volonté de résoudre des difficultés, ces groupes arrivent non seulement à opérer de manière efficace mais bien aussi, et surtout, de manière intelligente (puisqu'ils sont capables de dénouer des imbroglios, de résoudre des problèmes et de réagir à des menaces). Bref, les smart mobs sont des exemples intéressants d'intelligence collective, c'est-à-dire de structures qui gèrent l'information et la coordonnent pour et par une collectivité [13].

L'intelligence collective n'est donc ni rare ni fantasmatique. L'intelligence collective est la structure principale qui permet aux phénomènes qui peuplent cette planète de vivre et de se reproduire. L'intelligence collective est un métavéhicule de survie qui offre aux réplicateurs, génétiques ou mémétiques, de meilleures conditions de conservation et de dissémination.

Faisons une parenthèse ici afin de distinguer entre partage de l'information, structure de cohérence et intelligence collective.

Le partage de l'information est la rivière qui coule et qui permet aux phénomènes d'exister. Le partage de l'information, dès que le groupe dépasse une taille gérable par les sens, est essentiellement réseautique. Parfois ces réseaux sont matériels (la nation, le troc, Internet) parfois immatériels (le langage, les mythes, les rites).

La cohérence, quant à elle, est l'aval de ce flot. Elle se crée lorsqu'une importante quantité d'individus, chapeautés par un réseau (matériel ou immatériel), reçoit l'information de façon régulière et quasi simultanée. La cohérence se développe car les individus perçoivent, analysent, gèrent l'information et agissent sur elle selon les mêmes bases physiologiques et cognitives. Un chimpanzé qui entend un cri de détresse d'un congénère comprendra la signification de cette information. Tous les chimpanzés qui entendent le cri réagiront de la même façon. Ainsi, la peur, la surprise et l'angoisse que ressent un groupe sont produites par un accès direct à une information commune et un traitement identique de cette information.

Mais l'intelligence collective est un phénomène plus complexe. Elle est, pour filer la métaphore, la relation dynamique entre la rivière et sa géographie. L'intelligence collective est une boucle de rétroaction. Elle est le dialogue, la série de résonances, d'échos et de reflets qu'individus et collectivités produisent et échangent afin de parer aux défis posés par la survie. Par l'intelligence collective, le groupe se projette au-delà de la simple réaction et accède à l'anticipation.

Dans son livre *Le Principe de Lucifer. Le Cerveau global*, Howard Bloom relate à ce sujet une expérience fascinante : un groupe de chercheurs voulaient tester le quotient intellectuel d'une ruche. Pour ce faire, ils placèrent un bol d'eau sucrée près de celle-ci. Utilisant ce que Bloom perçoit comme étant les trois caractéristiques propres à une intelligence collective (la hiérarchie, le partage de l'information et l'imitation), les abeilles trouvèrent le bol. Le lendemain, les chercheurs doublèrent la distance entre le bol et la ruche. Les abeilles, encore une fois, trouvèrent la source de sucre. L'expérience fut répétée plusieurs fois ; à chaque occasion, les abeilles trouvèrent la source. Mais le plus étonnant est qu'un jour les chercheurs, doublant comme d'habitude la distance entre le bol d'eau sucrée et la ruche, découvrirent les abeilles les y attendant [14].

L'intelligence collective devance, se transforme, réagit à l'environnement, tente de l'influer et de le sculpter, non pas parce qu'il s'agit là d'une « force » supérieure, mais tout simplement parce qu'elle *est la structure cognitive du véhicule de survie qu'est la collectivité*. Rappelons-nous certains propos : les collectivités existent à de très nombreuses échelles, tant au niveau microscopique que macroscopique, et s'emboîtent les unes dans les autres. Mais que sont ces collectivités ? Un agglutinement de véhicules de survie qui, par le regroupement, augmentent leur résistance aux menaces qui les entourent. Tel est le cas pour la bactérie en l'homme, lui-même en la civilisation et en l'écosystème, tous formant une collectivité de véhicules de survie dans d'autres véhicules de survie. L'intelligence collective est la somme et la résonance de toutes les informations reçues et échangées par et entre ces collectivités. D'où vient l'intelligence de l'individu ? Nul ne le sait véritablement, mais une des hypothèses est que celle-ci se développe à partir du système nerveux mais surtout à partir du système immunitaire. Par et dans l'intelligence humaine, se regroupent et se recoupent les informations et réactions des systèmes nerveux et immunitaire. Par ces regroupements et recoupements, des stratégies de survie font surface. Voilà aussi ce qu'est l'intelligence collective : l'interface des résonances informationnelles (nerveuses et immunitaires) du groupe et de l'individu.

Bref, l'intelligence collective est la série de réverbérations de l'information dans le dialogue sans fin entre l'individu et la collectivité [15]. Dans ces réverbérations, d'innombrables stratégies de survie (tant celles du groupe que celles de l'individu) sont présentes, stratégies auxquelles l'individu et le groupe sont alors exposés et auxquelles ils réagissent. De ces innombrables résonances, naît un comportement cohérent, à la fois chez l'individu et dans la collectivité.

Les outils-mèmes, tout comme l'humain, sont des véhicules de survie. Tout comme l'humain, ils « cherchent » la pérennité et convoquent ainsi naturellement une intelligence collective. Il y a donc recherche de cohérence, partage de l'information et volonté de stabilité fédératrice chez les outils-mèmes (comme chez tous les véhicules de survie). Certes, le bâton, seul, unique, rend l'environnement plus propice à sa survie : mais c'est le bâton, la pelle, la hache, le levier et la poutre qui sarclent littéralement l'environnement et y sèment les conditions nécessaires à leur survie (le bâton permet, par l'avantage qu'il procure à son utilisateur, d'agrandir le groupe immédiat. Mais l'augmentation de la taille des groupes entraîne aussi la multiplication des problèmes de survie, problèmes alors résolus par la création de nouveaux outils). Pour cela, le bâton, la pelle, la hache, le levier et la poutre (ou l'ordinateur, le microscope, l'écran de télévision, le téléphone, l'automobile) doivent exister de façon cohérente, coordonnée. Comment y arrivent-ils ? En contaminant l'environnement par leur présence et par leurs besoins. Dès qu'un outil apparaît, il transforme l'environnement, l'infectant des changements qu'il produit. Cette contamination crée des besoins. Ces besoins appellent alors la création d'autres outils. Tous les outils sont ainsi liés les uns aux autres, puisque chacun naît d'une nécessité préalablement créée par un outil différent. Un outil n'existe donc qu'en cohérence avec tous les autres outils. Mais cette relation d'outil à outil n'est pas suffisante. Les outils-mèmes doivent aussi échanger de l'information. Comment y arrivent-ils ? En utilisant les êtres humains. Par l'entremise des êtres humains, les outils-mèmes « communiquent » entre eux et « travaillent » de façon cohérente, et assurent ainsi leur dissémination efficace à travers le temps et l'espace.

Mais un phénomène étonnant est en train de modifier cette dynamique. Si, pendant des millénaires, la relation entre gènes (l'humain) et mèmes (l'outil) s'est révélée relativement harmonieuse, c'est qu'il y avait coévolution. Pris dans une stratégie de survie qui les enchevêtrait, outils-mèmes et humains se multipliaient, se disséminaient et se perpétuaient de façon relativement égale, puisque toute amélioration des chances de survie de l'un dépendait d'une progression de ces mêmes chances de survie chez l'autre. Certes, des déséquilibres existaient. Mais ces déséquilibres restaient mineurs puisque les voies de dissémination des mèmes étaient, jusqu'à tout récemment, dépendantes des humains (si, par exemple, la presse à imprimer multiplie la quantité de mèmes-textes disponibles, cette quantité reste cependant subordonnée au nombre d'imprimeurs, de typographes, de distributeurs, de libraires et de lecteurs qui existent. La presse à imprimer permet une multiplication importante des livres, mais toujours selon un plafond absolu qui est le nombre de lecteurs. Il ne peut y avoir quantité infinie de livres si la majorité de la population est illettrée).

Dès l'invention des premières machines à communication de masse (le télégraphe en particulier), cette relation d'égal à égal se met cependant à fluctuer. Par ces machines, les outils-mèmes se libèrent de leur dépendance à l'humain et s'affranchissent de la coévolution. Par ces machines, les outils-mèmes découvrent les réseaux (routier, aéronautique, électronique, etc.), ces structures, tant matérielles qu'immatérielles, qui se multiplient depuis la fin du XIXe siècle, et qui leur offrent non seulement de nouvelles avenues de propagation mais aussi une autonomie accrue.

Des humains existent toujours en amont ou en aval de ces réseaux, pourrait-on argumenter. Certes, mais la complexification et la multiplication quasi exponentielles de ceux-ci rend presque impossible l'identification de la source ou de la destination. Les réseaux, en ce sens, participent à l'apparition de la condition inhumaine ; en multipliant les parcours, ils effacent, en quelque sorte, toute trace d'origine, tout indice de destination, et proposent une disparition subséquente de l'élément humain. Qui plus est, bien souvent, l'information qui circule sur ces réseaux ne s'adresse plus directement à l'humain. Par les réseaux informatiques par exemple, l'information, sans origine ni but véritables, peut circuler de base de données en base de données sans avoir recours à la présence humaine ; en fait, si une grande quantité d'informations permute encore d'humain à humain, celui-ci est de moins en moins nécessaire au processus de dissémination. L'humain voit, consomme et utilise l'information, mais celle-ci ne quitte presque plus l'espace informatique et ne pénètre presque plus l'espace génétique (nous n'utilisons guère notre mémoire car nous utilisons celle des outils informatiques et numériques. Peu d'informations résident aujourd'hui dans l'espace mémoriel de l'humain). De plus, ainsi que l'exemple des virus informatiques le prouve, l'information possède aujourd'hui une importante capacité d'autoreproduction. Un virus informatique n'a besoin d'aucun véhicule de survie génétique pour se disséminer (certes, les virus informatiques ont été, à l'origine, créés par des humains, mais leur existence dans le cyberespace est maintenant indépendante de ces derniers. Une fois créé, le virus informatique s'enchevêtre dans l'écosystème cyberspatial et assure sa survie de façon quasi autonome).

Mais si les outils-mèmes se libèrent de leur dépendance à l'humain, le contraire n'est pas vrai (d'où un des malaises fondamentaux de la condition inhumaine). *En fait, plus les outils-mèmes deviennent autonomes et plus l'humain, lui, en devient dépendant.* Cognition, mémoire, enfantement, politiques, langage, communication, relations psychologiques et sexuelles, plus les réseaux se multiplient, plus les outils-mèmes acquièrent autonomie ; plus ils acquièrent cette autonomie et plus ils se complexifient rapidement (puisqu'ils ne sont plus dépendants du temps biologique) ; plus ils se complexifient rapidement, plus ils nous deviennent utiles, intéressants, essentiels. Par l'autonomie qu'ils acquièrent, les outils-mèmes mutent rapidement et l'humain, alors, se trouve dans une position où l'outil-mème lui ressemble de moins en moins, a de moins en moins de liens avec lui mais lui offre de plus en plus de possibilités d'amélioration de ses conditions de vie. Une étrange dynamique se met alors en place : les outils-mèmes se libèrent de nous alors que nous devenons de plus en plus dépendants d'eux. La relation de coévolution en devient une de dépendance.

Et ainsi, par la multiplication des réseaux, les outils-mèmes ont accès à des vecteurs de communication, d'échanges d'informations et de cohérence extrêmement rapides, efficaces et indépendants de l'humain. Comme toutes les dynamiques qui peuplent cette planète, les outils-mèmes se cherchent, se trouvent, échangent de l'information, mutent et se disséminent, à la différence près qu'ils le font maintenant à une vitesse vertigineuse, de beaucoup supérieure à toute dynamique utilisant les véhicules de survie génétiques, et de moins en moins en lien avec l'humain. Si la transformation de la plume au stylo prend des siècles, celle du stylo à la souris prend des décennies et celle de la souris au touchpad à peine quelques années. Et cette communication-contamination est si rapide, si efficace qu'un nouveau phénomène fait son apparition : celui d'une structure globale *et autonome* de l'outil-même.

Internet, télévision, bases de données, RFID[16], les outils-mêmes communiquent maintenant entre eux de façon si rapide et si cohérente (les protocoles de communication se normalisent rapidement, le langage machine est universel) qu'un véritable écosystème d'outils-mèmes voit le jour. Cet écosystème possède des objectifs (se disséminer), des facultés immunitaires (pare-feu, antivirus, caméra d'observation), des stratégies d'attaque et de défense (la mondialisation), des moyens de communications (les réseaux), des systèmes d'alerte (le marché boursier), des nœuds de regroupement (les parcs industriels, les hubs), des processus de mutation (le numérique), de reproduction (les chaînes de montage automatisées) et de complexification (l'informatisation des objets). Bref, la structure globale outils-mèmes est émergente. À un point tel que l'élément humain y est de moins en moins perceptible. Une caméra d'observation transmet ses images à une base de données qui les communique à une série de logiciels qui les dépêchent à des téléphones portables. Un laser communique avec un microscope contrôlé par un ordinateur. Les milliards d'images que diffusent les sondes qui parcourent le système solaire sont d'autres bons exemples de ce phénomène. Toutes ces images, toutes ces informations ne sont pas à la mesure du cerveau ou de la compréhension humaine ; elles ne servent pas l'humain mais bien l'immense réseau de télécommunication des machines. Ces informations, données et images nourrissent le réseau, le poussent à grandir, à se complexifier, à se diversifier. Comment comprendre ces images ? Comment les conserver ? Comment décoder leurs informations ? Les rendre cohérentes et utiles ? Voilà nombre d'activités qui forcent la multiplication des outils-mèmes. Certes, ce sont les humains qui produisent ces outils-mèmes, mais leur utilité, pour l'espèce humaine, est limitée. Nous produisons des outils pour lire l'univers, puis d'autres outils pour lire ce que nous permettent de voir les premiers outils. Puis d'autres outils encore pour nous permettre d'enregistrer et d'archiver tout cela. Mais cette information n'est pas fondamentale à la survie humaine. Certes, elle répond à notre soif de connaissances [17] mais elle ne touche pas, ni ne transforme directement la qualité de nos vies. En fait, elle répond à cette poussée du réplicateur qui utilise notre cerveau pour se disséminer sous forme mémétique. Partout, tout autour de nous, les outils-mèmes pénètrent les géographies, les cultures, les environnements et y créent un genre de caisse de résonance. L'humain, l'organique, le biologique sont constamment baignés et transformés par la musique qui jaillit de cette caisse.

Et une des mélodies qui en émanent est l'impossibilité de l'individu.

L'idée de l'individu est une propriété de la réalité biologique : nous voyons, entendons, sentons, touchons des entités (plantes, insectes, félins, poissons, etc.) et nous les identifions alors comme autonomes, uniques, individuelles. Les véhicules de survie que nous voyons à notre niveau de réalité biologique sont réels et leurs contours (corps, naissance et mort) clairement déterminés. Mais cette identification est une lecture propre à la réalité biologique. Ce qui nous semble un individu est un ordre à *notre* niveau de réalité ; ce qui nous semble un organisme localisé et identifiable est une cristallisation à *notre* niveau de réalité, voilà ce que nous révèle la condition inhumaine par l'entremise des outils-mèmes. L'individu n'est qu'une des couches de la survie, une des stratégies des collectivités microscopique, biologique ou macroscopique, il n'est qu'un des décodages possibles de la vie et de ses réalités [18]. L'erreur est de croire en la finitude de l'individu, de ne voir que sa forme, de faire converger toute expérience à son niveau. L'individu est une des couches de la vie ; sous l'individu, au-dessus de lui d'innombrables autres couches s'agitent, se débattent et tentent de survivre [19]. Il n'y a entité intégrale que dans l'ensemble de ces couches, que dans la stratification des formes et stratégies du vivant. Il n'y a entité intégrale que dans les collectivités et leur intelligence. Un humain est un homme, une femme ou un enfant à travers les strates inférieures et supérieures qui le forment.

Cela étant, pourquoi ressentons-nous d'une façon si violente notre individualité ? Pourquoi sommes-nous persuadés de notre unicité, de notre conscience, de notre personnalité ? Certes, voilà une question complexe dont il est difficile de faire le tour ; proposons ici un élément de réponse : la perception de notre conscience, de notre autonomie, de notre spécificité est une stratégie de survie. Le véhicule que nous sommes sert d'abri à de nombreuses autres collectivités. Il est donc important que ce véhicule cherche à survivre en tant qu'entité. Qui plus est, ce véhicule de survie existe à un certain niveau de réalité (biologique). C'est à ce niveau qu'il tente de se reproduire, qu'il doit chercher à survivre. C'est donc aussi à ce niveau qu'il acquerra l'information nécessaire à cette survie. Voilà pourquoi nous nous percevons être une entité biologique autonome, délimitée et délimitable. Nous nous comprenons et nous nous pensons individus car notre survie biologique en dépend. Mais cela, nous dit la musique des outils-mèmes, n'est qu'une construction.

Nous l'avons vu plus tôt : il y a, indéniablement, et ce chez toutes les dynamiques du vivant, peu importe l'échelle de réalité, des structures d'intelligences collectives qui permettent la survie (de l'espèce, du taxon, du réplicateur). Cette structure d'intelligence collective existe aussi chez l'humain, du moins au niveau microscopique (les bactéries, les cellules, les neurones). Nous avons aussi vu comment le sentiment d'unicité de l'humain est créé à la fois par la réalité biologique dans laquelle il vit (l'information qu'il reçoit de l'environnement et qu'il doit gérer est une information à l'échelle de ses sens et donc de son corps) et par la nécessité de protéger l'intégrité du véhicule de survie qu'est son corps. Mais nous n'avons pas encore exploré l'idée de l'intelligence collective par-delà l'individu. S'il semble indéniable que l'humain est une structure d'intelligence collective, fait-il lui-même partie d'une structure plus grande d'intelligence collective ? D'où émergerait celle-ci ? Quel lien posséderait-elle avec les outils-mèmes ? Si intelligence collective il y a, peut-il y avoir individu ?

Dans la condition inhumaine, la communication change. Si la communication dans un groupe restreint peut se gérer au moyen d'un simple échange d'informations sonores, visuelles et chimiques (je vois, entends, touche mes interlocuteurs et cette série d'informations, la posture, le timbre de la voix, la sueur, le regard, me permet de dialoguer avec précision), cela n'est pas le cas dans un groupe de plus grande envergure. Dès qu'un groupe dépasse la taille de l'accès direct à son information par les sens, une structure de cohérence doit se développer afin de contrer la poussée de l'entropie.

Et puisque nous appartenons à la collectivité qu'est la civilisation, puisque nos réseaux d'informations sont de plus en plus importants, globaux et instantanés, puisque nous recevons sans arrêt des informations des ensembles et groupes qui nous entourent, puisque nous en renvoyons aussi sans fin à ceux-ci, puisque nous nous révélons dans le chevauchement entre individus et essaims, puisque les uns et les autres n'ont toujours qu'un seul but, survivre pour se disséminer, alors il n'est pas étonnant que nous voyions l'apparition d'une intelligence et d'une cohérence à l'échelle de l'humanité. Par les technologies de l'information et les réseaux, nous avons une voix, une pensée, un comportement collectifs.

Comment puis-je affirmer une telle chose ? En examinant la qualité et la résonance de la communication actuelle, en observant le besoin de similitude que l'on y retrouve. Blogs, chats, courriels, hyperliens, hypertextes, téléphones cellulaires, réseaux d'échanges et de contrôle (de style eBay), une immense partie de la communication humaine contemporaine est maintenant définie par deux phénomènes fondamentaux, la dissémination et la légitimation, et par une caractéristique, la cohérence.

Qu'est-ce à dire ? Que la communication actuelle semble posséder un objectif principal : nourrir (ou du moins créer) une cohérence globale. Pourquoi ? Parce que toutes les formes de communication autres qu'intimes deviennent globales. Nous communiquons des informations non pas pour notre voisin ou nos amis, mais bien pour les réseaux et ceux qui les peuplent. À quoi servent un chat, un blog si ce n'est à disséminer une information au niveau global ? À quoi servent les SMS si ce n'est à une diffusion rapide, propagée au plus grand nombre ? Même la communication dialogique, entre un utilisateur et l'autre, par le courriel par exemple, puisqu'elle utilise le réseau (et y réside), nourrit ce dernier. Parfois de façon immédiate (le courriel est partagé, suivi ou même intercepté), parfois de façon latente (le courriel est conservé pour utilisation ultérieure), parfois même de façon inactive (le courriel est éliminé mais des traces en persistent toujours dans le réseau).

Pour preuve ? L'hyperlien, caractéristique la plus fondamentale de la communication en ce début de XXIe siècle. L'hyperlien n'est pas cette révolution de la lecture ou de l'écriture que plusieurs nous avaient annoncée. Ce n'est pas dans l'acte de lire ou d'écrire que l'hyperlien est le plus étonnant. C'est dans son désir de communication et dans sa recherche de légitimation. Blogs, chats, courriels et sites web fonctionnent sur ces deux principes. Un blog acquiert sa légitimité s'il est recensé dans d'autres blogs (dont la légitimité est elle aussi dépendante de recensements) et si, en retour, il en recense lui-même. N'est-ce pas d'ailleurs la caractéristique de Google, une des raisons de son immense popularité ? Le premier site qui apparaît dans Google est certes celui qui possède les mots-clés recherchés mais il est aussi, et surtout, celui qui est recensé (hyperlié) par le plus grand nombre de sites. Bref, c'est l'hyperlien qui assure la force, la légitimité, la qualité d'un site, d'un blog, d'un chat.

Dissémination de l'information, légitimation par la collectivité (qui accepte ou rejette l'information proposée), décentralisation, boucles de rétroaction, voilà autant de caractéristiques qui marquent à la fois non seulement les nouvelles structures de communication de l'humanité mais aussi les réseaux d'intelligence collective des insectes et bactéries [20].

Et ainsi, notre perception du monde, mais plus encore notre relation au monde, s'en trouvent profondément changées. Certes, animal de groupe, l'humain a toujours vécu par et dans des réseaux (familiaux, économiques, religieux, politiques, etc.). Et tous ces réseaux, d'une façon ou de l'autre, étaient structurés par des intelligences collectives. Mais une différence de taille sépare ces réseaux historiques des réseaux contemporains. Jamais nous n'avons passé autant de temps, non seulement à communiquer, mais aussi à produire, nous enrichir et débattre par l'entremise de réseaux. Jamais nous n'avons à ce point entreposé le résultat de nos actions, passions, joies, folies et désespoirs dans les réseaux. Jamais, et cela me semble fondamental, nous n'avons autant cherché notre légitimité par l'entremise des réseaux. Entre les réseaux historiques et contemporains, la différence en est une de densité et de fréquence.

En fait, même les comportements essentiellement animaux qui sont les nôtres (le besoin de se démarquer du groupe, de se reproduire, de dominer, de dénicher le partenaire le plus valable pour la reproduction) glissent dans les réseaux. La notoriété, par exemple, cette caractéristique si spécifique à nos instincts animaux, s'est presque entièrement déplacée vers les réseaux médiatiques[21]. C'est la renommée dans le réseau qui détermine la capacité de se démarquer du groupe, de le dominer, qui nourrit la force sociale d'un individu. C'est la capacité de survivre dans ce réseau, d'y défendre son intégrité qui prouve l'excellence d'un homme ou d'une femme. C'est l'habileté à s'y reproduire rapidement et souvent qui assure la fécondité.

L'être humain du XXIe siècle pense, regarde, perçoit ce qui l'entoure de façon non pas unique mais bien collective. Possédant déjà un bagage physiologique qu'il partage de façon presque parfaitement identique avec tous ses congénères, voici qu'il utilise maintenant des outils et des structures de communication qui le tirent vers une homogénéité cognitive. L'humain de la condition inhumaine est beaucoup plus proche de la fourmi qui vit, respire, existe et comprend son univers par l'entremise de sa collectivité qu'il ne l'est d'un individu autonome, conscient et singulier.

Idées-virus, intelligence collective, autonomie des outils, cohérence des collectivités biologiques et mémétiques, la condition inhumaine nous propose une perspective fondamentalement différente sur la structure du vivant. Tant l'humain que l'animal, tant l'objet que l'idée, tant l'individu que sa collectivité deviennent des étapes transitoires, des formes perméables, des structures plastiques. La condition inhumaine évoque, non pas la métamorphose, car cela implique un aboutissement, mais un mouvement constant, global et cohérent. Ce n'est pas que les corps, objets et ensembles deviennent informes ; c'est plutôt qu'ils sont constamment en devenir, « en-formes ». Ce n'est pas que les collectivités deviennent chaotiques ; c'est plutôt que leur symétrie, souvent difficile à percevoir à notre niveau de réalité, excède notre entendement.

L'humain vit aujourd'hui dans, par et surtout pour une cohérence globale qui dépasse sa raison et se déploie au-delà de la perspective qu'il a sur le monde. Et cette cohérence se nomme la civilisation.

Chapitre V

L'HUMAIN ET LA CIVILISATION

Sans civilisation, l'humain ne peut se développer, s'enrichir, progresser. Seule la civilisation permet à l'humain d'accéder à un univers qui s'étend au-delà de son existence, de sa biologie, des limites matérielles qui gouvernent son corps. Par la civilisation, l'humain se libère de l'évolution qui ancre son être à la lenteur et à la fragilité organique. Par la civilisation, l'humain saillit par-delà le temps et l'espace et parvient à la cognition. Mais comment cela est-il possible ? Comment une dynamique peut-elle dépasser ce système absolu que l'on nomme évolution ?

Selon la théorie de l'évolution, un être vivant ne peut inscrire de connaissances culturelles dans son bagage génétique. Le lamarckisme, soit la transmission génétique de traits culturels appris, est impossible. Le vivant repart toujours de zéro. Chaque enfant qui naît le fait avec les mêmes perceptions, intuitions et structures cognitives que ses ancêtres *sapiens* d'il y a deux cents millénaires. Chacun refait les mêmes erreurs, commet les mêmes impairs, trébuche sur les mêmes obstacles, blesse ou aime de la même façon, s'émeut des mêmes choses, des mêmes moments. Tous, depuis près de deux cent mille ans, s'effraient des mêmes phénomènes. Voilà d'ailleurs pourquoi l'art est intemporel, pourquoi les pièces d'Eschyle, de Shakespeare ou de Molière nous touchent encore. Nous ne changeons pas, sommes toujours guidés par les tensions, les désirs et fantasmes que connurent nos ancêtres (voilà aussi pourquoi les religions survivent aussi longtemps). Alors comment expliquer la complexification et la densification de notre monde ? Comment expliquer l'exponentielle augmentation des connaissances, l'infinie production d'objets, d'œuvres d'art, de technologies, de mécanismes tous de plus en plus complexes, alors que l'humain naît toujours aussi dépourvu ?

Par la présence de la civilisation. C'est en elle que fleurissent les savoirs qui engendrent l'humanité.

Une parenthèse est cependant nécessaire ici car des études récentes suggèrent la possibilité d'une certaine transmission culturelle génétique. Ces recherches démontrent que la forme qu'acquiert l'embryon n'est pas simplement le résultat de son bagage génétique mais est aussi influencée par les mitochondries de l'ovule, mitochondries qui réagissent à certains comportements ou caractéristiques (tels le diabète, le nanisme, les problèmes mentaux ou linguistiques)[1]. D'autres études[2], qui examinent la façon dont l'épigénome interagit avec son environnement, tendent à confirmer cette hypothèse. Si l'ADN est la structure qui permet l'apparition d'un corps vivant, son développement n'est possible que par l'entremise d'une série d'instructions qui « disent » aux gènes où se placer et comment se développer. Ces instructions sont fournies par l'épigénome qui, semblerait-il, répond, lui aussi, aux changements environnementaux[3]. Plus troublant encore, certains chercheurs[4] ont remarqué que des changements épigéniques peuvent être provoqués chez l'enfant par le comportement maternel et ce, *après la naissance*.

Ces recherches sont fascinantes car elles remettent en question un postulat fondamental de la théorie de l'évolution. Il faut cependant souligner qu'elles demeurent focalisées sur la dimension génétique, et mutationnelle, du vivant. Ces recherches ne peuvent expliquer l'accumulation des connaissances car si elles suggèrent l'impact de certains comportements sur le génome, elles ne proposent pas la convergence des savoirs en celui-ci. Seule la civilisation offre un élément de réponse. Seule la civilisation crée un pont entre culture et génétique, entre connaissances et mutations et permet le cumul des acquis dans un cycle temporel qui dépasse celui de l'individu ou même du groupe. Seule la civilisation propose une accumulation de l'information dans un cycle temporel à l'échelle de l'espèce.

Car si l'humain recommence toujours à zéro, cela n'est pas le cas de la civilisation. La civilisation n'est pas une dynamique organique, elle n'évolue pas par transfert génétique, par mutation et filtration. *La civilisation évolue par lamarckisme*. Voilà la différence fondamentale. L'humanité peut grandir et se complexifier, malgré son incapacité à emmagasiner génétiquement les connaissances acquises, car l'individu a accès, par la civilisation, aux savoirs accumulés pendant les millénaires. La civilisation amasse la culture, les idées, les discernements. Elle permet à l'humain de changer, de muter, de régner sur le monde animal. Par la civilisation, l'humanité peut prétendre se complexifier. Par la civilisation, l'humanité peut prétendre être intelligente.

Mais simplement prétendre, car malgré ce que nous pensons, ce n'est pas la condition humaine qui tend vers des idéaux, vers une moralité, vers le progrès. La condition humaine demeure toujours au même point : aussi animale, intuitive, violente et émotive que le premier jour de son existence. C'est la civilisation qui grandit, qui mûrit, qui développe des principes. *L'individu est un animal, c'est la civilisation qui est humaine*. Voilà une des clés de la condition inhumaine. La civilisation progresse, apprend, devient de plus en plus « consciente » alors que l'individu, lui, naît identique à ses ancêtres : s'il peut apprendre énormément au cours de sa vie, rien de cet apprentissage ne sera génétiquement légué à sa progéniture.

L'humain se perçoit comme un être autonome, conscient et intelligent, pour qui l'idée de progrès, tant individuel que collectif, reste toujours en ligne de mire. Nous vivons à la fois pour notre bien-être et pour celui de nos collectivités (de la famille à la société). Voilà ce que nous considérons être la condition humaine. Mais ce que nous propose la condition inhumaine est tout autre : nous ne sommes pas ces êtres faits à l'image de Dieu (ou de la nature) qui cherchons, espérons, désirons un mieux-être. Nous sommes plutôt les conduits de la pensée civilisationnelle. La civilisation vit, parle, respire et, surtout, pense à travers nous. La civilisation s'imagine, se crée, se complexifie à travers nous.

Dans un livre précédent, *Chair et Métal*[5], je proposais d'examiner l'émergence de l'évolution culturelle.

Me fondant sur les principes, idées et théories de chercheurs tels Richard Dawkins, Christopher Langton, Kevin Kelly et Pierre Lévy, je montrais que, face à l'avancée et l'omniprésence des machines et technologies, nous étions sur le point de nous fondre à un nouvel écosystème, celui de la culture.

Je résume ici cette idée : animaux ou végétaux, nous sommes faits de matière organique et cherchons à nous reproduire car nous ne sommes, à la base, que réplicateurs. Mais deux éléments relativement récents nous forcent à repenser cette conception des choses :

1. L'avènement des médias et des technologies ;
2. L'émergence de la science de la vie artificielle[6].

Pour les chercheurs en vie artificielle, ce n'est pas la matière qui est à la base de la vie, mais bien les dynamiques qui se glissent en elle[7]. Si tel est le cas, propose Christopher Langton, il est alors possible d'imaginer que d'autres matières (organiques ou inorganiques) sont, elles aussi, empreintes de ces dynamiques. Et ces matières sont celles de la culture. Nous serions de plus en plus soumis à l'évolution culturelle et serions même en danger de nous effacer face à sa rapidité, son omnipotence, son omniprésence.

Certains ont accusé ce livre de proposer une vision mécanique du monde. Aujourd'hui, je crois que si l'on peut critiquer *Chair et Métal*, c'est plutôt en suggérant qu'il ne soit pas allé assez loin. Nous ne sommes pas en train de plonger dans l'évolution culturelle, nous y sommes, en fait, depuis des millénaires. Si l'explosion du monde inorganique lors du dernier siècle nous force à examiner attentivement l'évolution culturelle, il est cependant faux de prétendre qu'il s'agit là d'un phénomène nouveau : depuis l'émergence de la culture (du langage et de la nécessité de gérer, par le langage, le surplus d'informations auquel notre cerveau nous donne accès), nous sommes soumis à l'évolution culturelle et dépendants d'elle. Depuis l'émergence de l'*Homo sapiens*, nous nous leurrons en nous prétendant maîtres de notre destin, de notre condition. Nous appartenons à l'évolution culturelle, à la condition inhumaine, à la civilisation. Un écrivain, une scientifique, un groupe de recherche, une artiste, un sociologue, une psychiatre ne lèguent pas leurs connaissances, découvertes et hypothèses à l'humanité, à leur progéniture, à leur descendance génétique, mais bien à la civilisation. Nous travaillons pour la civilisation, accessoirement pour le patrimoine génétique qui est le nôtre. Voilà aussi ce qu'est la condition inhumaine : comprendre que l'humain n'est pas ce sur et pour lequel nous travaillons, aimons, écrivons. Toutes les activités humaines nourrissent la civilisation ; toutes les activités humaines répondent à la non-humanité qu'est l'évolution culturelle.

Bien sûr, nombreux seront les critiques de cette approche ; nombreux seront ceux qui m'accuseront de réductionnisme, d'enthousiasme technologique, de négation de l'humanité, d'aveuglement. Soyons clairs : l'aveuglement est le fait de ne pas reconnaître les faits que je viens de souligner ; l'aveuglement est de s'accrocher à une perception fausse de l'humanité (qui voit l'humain selon des schèmes de pensée qui ne tiennent pas compte de la réalité technologique) ; l'aveuglement est de se pencher uniquement sur les aspects négatifs de cette nouvelle réalité. Certes, tout changement paradigmatique entraîne des transformations parfois violentes, mais tout changement provoque aussi des renaissances, des renouveaux, des réévaluations. Croire en un retour de l'humanité à un passé romantique où l'homme vivait en harmonie avec la nature (ce qui n'a jamais été le cas, tous les êtres vivants ne cherchant qu'à se protéger des violences de cette même nature) est une utopie. Bien sûr, cela ne veut pas dire qu'il ne faille pas contrôler les excès (excès propres à toutes espèces qui dominent un milieu donné). Mais il faut aussi comprendre que les machines, idées, médias, etc., qui peuplent maintenant notre monde ne sont pas, par définition, dangereux. C'est leur utilisation abusive qui provoque les problèmes auxquels nous nous heurtons. Ces phénomènes (machines, idées et médias) font partie de l'évolution culturelle dans laquelle nous sommes plongés. Ils sont à la fois piliers et produits de la condition inhumaine.

Qu'en est-il alors de l'humanité ? De ces caractéristiques (intégrité, moralité, probité) qui la délivrent de son animalité et fondent son idéal ? Doit-on renoncer à toute idée d'altruisme et d'humanisme dans un univers maintenant porté par les intentions, besoins et nécessités de la civilisation, de la culture, des idées, bref des réplicateurs ? Je ne le crois pas. Mais ce que nous considérons être l'éthique, la morale, les limites du comportement humain acceptable sont indéniablement bouleversées, redéfinies, remises en question.

En fait, deux morales gèrent maintenant nos vies. La première est nôtre, elle répond à notre désir d'humanité et tente de trouver le point d'équilibre entre l'homme et ses pouvoirs. Pourquoi ? Car de tous les êtres vivants, seul l'humain possède compassion et empathie, seul l'humain peut prétendre protéger ses plus faibles.

Mais seul l'humain existe aussi dans une structure sociale qui cherche souvent à écraser le plus grand nombre[8]. Cette première morale est donc la somme des innombrables interventions sur les déséquilibres politiques, économiques, psychologiques et sociaux.

La seconde morale, quant à elle, est plus troublante.

Les évolutionnistes l'ont bien expliqué : la nature est dotée, elle aussi, d'une morale, celle de l'équilibre des forces en présence. Par la nature même des dynamiques qui peuplent la planète, les espèces découvrent des plages d'équilibre entre elles. Si le prédateur est trop puissant, il finira par épuiser les ressources alimentaires de sa région ; de plus, les seuls qui lui survivront seront, en retour, les proies les plus agiles. Tant et aussi longtemps que proies et prédateurs seront en interaction, la dissémination et la survie de l'un et de l'autre seront possibles. Tant et aussi longtemps qu'un équilibre subsistera, l'essence même de la nature (la réplication, la survie et la dissémination) sera maintenue. Et cela ne s'applique pas uniquement à la prédation puisque la coopération (ou coévolution) entre espèces ne perdure elle aussi que par l'entremise d'une symétrie fragile.

Voilà l'éthique, la morale de la nature.

Je me dois de faire ici une parenthèse car nombreux seront les critiques qui attaqueront mon analyse en lui reprochant de s'assujcttir aux intérêts des puissants. N'est-ce pas là galvaniser le jeu des puissants, me reprocheront ces critiques, que de laisser les forces en présence, tant dans la société humaine que dans la nature, s'équilibrer par elles-mêmes ?

Peut-être, bien que cela ne soit pas mon intention. Il est important de savoir que je ne tente pas la promotion d'un programme politique particulier mais plutôt la description d'un phénomène. Tant la mondialisation que la capitalisation du monde répondent à des processus qui dépassent maintenant l'humain. Si cela profite actuellement à certains individus, il s'agit là d'un avantage bien éphémère car c'est l'humanité entière qui est appelée, non pas à disparaître, mais à s'exiler à la périphérie de l'écosystème culturel et civilisationnel. C'est la condition humaine qui est appelée à être autre, à faire face à l'impossibilité de sa définition, du moins sur des bases classiques. La transformation profonde de notre monde en ce début de XXIe siècle n'est pas due à la cupidité des humains, à leur apathie, à leur égoïsme, à leur désir de possession. Tant la capitalisation du monde que sa plastification (organique, cognitive, gouvernementale) nous forcent à comprendre qu'il n'est plus possible de nous définir sur les fondements humanistes du XVIIIe siècle, que ce que nous percevions comme l'essence philosophique de l'homme et de la femme est maintenant obsolète, que des oppositions, tels capitalisme, socialisme, fascisme sont inutiles et stériles car inadéquates pour analyser et comprendre les phénomènes actuels. La condition inhumaine exige de nous de nouvelles façons de réfléchir aux équilibres, déséquilibres et bouleversements du monde, de nouvelles façons de penser les abrasions sociales que provoque le marché. Certains chercheurs, par exemple, proposent une analyse différente du capitalisme actuel. Celui-ci ne serait pas un système hiérarchisé, contrôlé par un petit groupe d'exploiteurs (tel que couramment défini) mais bien la réponse à une volonté globale et populaire d'appropriation du marché. C'est, en quelque sorte, l'hypothèse avancée par Ève Chiapello. Selon elle, le capitalisme actuel, qu'elle définit comme un capitalisme de réseau (et comme la troisième étape de l'histoire capitaliste[9]), *est maigre*, « ayant externalisé un grand nombre de fonctions », ce qui lui permet de répondre rapidement aux changements, mouvances et flux divers qui traversent les sociétés. Selon elle, ce capitalisme né en Mai 68 est un système commercial où employés et consommateurs exigent des conditions de travail, d'achats, bref des choix de vie plus diversifiés, moins autoritaires, plus modulaires, moins restrictifs. Nous voici donc face à un capitalisme qui se nourrit des demandes, critiques, désirs et besoins fluctuants des consommateurs. Un équilibre étrange se crée alors, là où les institutions capitalistes et leurs critiques voient leurs intérêts converger[10] (c'est aussi l'avis de James Surowiecki pour qui l'agressivité de nombreuses sociétés commerciales contemporaines est le résultat d'une prise de possession du marché *par le consommateur* qui exige aujourd'hui des produits de qualité, un service à la clientèle de premier ordre et une grande variété de produits et ce, aux prix les plus bas[11]).

Partout, dans toutes les dynamiques qui peuplent et nourrissent cette planète, nous retrouvons cette tension entre ordre et désordre, entre proies et prédation, entre appropriation et coopération ; partout, nous retrouvons cette recherche, bien souvent inconsciente, d'équilibre entre les forces en présence. Mais cela n'explique pas tout car la morale de la nature n'est pas uniquement une question d'équilibre, elle est aussi le désir de maintenir la diversité, d'explorer les potentialités et d'offrir aux réplicateurs le plus d'avenues de multiplication et de dissémination possibles. L'éthique de l'écosystème est aussi le « désir » de se complexifier.

En 2000, le professeur d'ingénierie mécanique Adrian Bejan, diplômé du MIT, a proposé une nouvelle théorie sur les constructions naturelles. De celle-ci naît une hypothèse qui nous permet d'appréhender ce désir de complexité. Cette théorie, la théorie constructale, utilise la géométrie afin de comprendre comment un système minimise ses imperfections. Cela peut paraître plus compliqué que cela ne l'est en réalité. Pour visualiser cette théorie, il faut imaginer un dessin fractal mais dans le sens opposé : alors que la fractale va du plus grand au plus petit en répétant la même forme, la théorie constructale propose le contraire. Comment ? En répartissant les imperfections, inévitables à tout système, à partir d'une toute petite forme. En fait, Bejan invite à trouver la forme « idéale » à échelle réduite et de multiplier cette forme jusqu'à ce qu'elle soit visible à l'œil nu afin de produire un genre d'arborescence qui répartit de façon très efficace les résistances. Pourquoi mentionner cette théorie qui semble essentiellement propre à l'ingénierie ? Parce que la théorie constructale, selon Bejan, peut s'appliquer à l'ensemble des processus de la nature. L'arbre, par exemple, serait un modèle constructal puisque sa forme réduit les résistances et économise ainsi l'énergie. En fait, propose Bejan, les configurations naturelles qui persistent et se reproduisent (les vaisseaux sanguins, les oiseaux volant en groupe serré, les lits de rivières en demi-cercle, etc.)

seraient constructales puisqu'elles auraient à la fois optimisé leur rendement (en limitant les résistances et les imperfections) et facilité l'accès aux flux qui les traversent. Bref, la théorie constructale « dessine » d'abord la quasi-perfection dans la plus petite forme possible puis la projette à une échelle supérieure [12].

Pourquoi aborder cette théorie ? Parce qu'elle suggère la recherche, par la matière, d'une efficacité [13] donnant accès à une complexité [14]. Ce que propose la théorie constructale (et aussi la théorie du chaos) est la poussée spontanée de la nature vers un état d'équilibre productif entre ordre et désordre. Une recherche de « beauté » serait donc présente dans la nature. Elle ne tendrait cependant pas vers la beauté dans le sens humain du terme (le bon, le moral, le vrai), mais simplement vers l'agencement le plus efficace possible de formes et de phénomènes. De cette recherche d'efficacité, qui permet la découverte de stratégies de plus en plus variées et globales (l'agencement constructal des imperfections donne naissance aux bronches des poumons, explique le trafic urbain, décrit les fentes de dessiccations [15]), émerge la complexité. Cette complexité permettra, en retour, une exploration encore plus élaborée, créative et ingénieuse de formes, d'agencements et de stratégies de survie.

C'est à cette morale que répond l'écosystème culturel qu'est la civilisation. Voilà pourquoi les villes grandissent, se densifient, deviennent technologiquement luxuriantes. Voilà aussi pourquoi l'humain y a de moins en moins de place. La civilisation cherche à se complexifier peu importent les formes produites et les matières utilisées, car c'est là que se cache l'essence de sa survie. La civilisation croît sans arrêt, sans fin, ses idées, discours et représentations se modifient et se dispersent à tout vent, de manière de plus en plus autonome, car ainsi sa multiplicité est possible. La civilisation alimente les sciences, les arts, la création de technologies car dans leur tension naît l'équilibre précaire et fertile de sa complexité.

En ce début de XXIe siècle, cette tension féconde et fragile est incarnée par le numérique [16]. Le numérique est le produit de cette « volonté » de complexification et de dissémination propre à la civilisation. Catalyseur de métamorphoses, le numérique a envahi notre monde, s'immisçant dans toutes les activités humaines et changeant profondément non seulement notre façon de voir et de comprendre notre univers mais aussi notre place en celui-ci. Car qu'est-ce que le numérique ? C'est la possibilité de complexifier sans fin le vivant en se débarrassant presque entièrement de tous ses repères, de toutes ses bornes et limitations. Le numérique n'étant pas soumis aux barrières physiques qui séparent et distinguent les êtres et les choses entre eux (puisque tout phénomène y est traduit de façon binaire), les possibilités de transformations, de permutations et de reproductions y sont infinies [17]. Le numérique multiplie sans perte, enchevêtre sans obstacle, « liquéfie » sans fin. Sans barrière physique, il s'immisce dans tout, s'affirme omniprésent et omnipotent (puisqu'il n'est soumis ni au temps, ni à la dégénérescence, ni à l'erreur dans la reproduction). Le numérique transcrit le monde qui nous entoure.

Ainsi, dans notre culture actuelle, par le numérique et par ses « acteurs » (logiciels, systèmes informatiques, numériseurs, etc.), la civilisation peut se multiplier et se complexifier à une vitesse étonnante (puisque tout y est potentiellement enchevêtrable). C'est d'ailleurs le numérique et ses produits qui, aujourd'hui, transforment nos villes et vont même en partie jusqu'à les construire (puisque tous les nouveaux bâtiments, immeubles et réseaux d'infrastructures sont maintenant dessinés, pensés, déployés par l'entremise de logiciels). C'est le numérique et ses produits qui transforment nos façons de communiquer, qui influencent nos représentations, qui produisent et reproduisent nos imaginaires, qui donnent naissance à nos enfants et les guident à travers leur existence. C'est par le numérique que le réel se transforme et nous échappe. C'est par le numérique que ce monde s'éloigne chaque jour un peu plus de la réalité biologique, de la dimension organique de la planète. *Le numérique est l'épidémie de la civilisation.* Une épidémie qui touche tout, implique tout, transforme tout. Par le numérique, la civilisation s'empare littéralement du monde et pousse la matière organique et ses êtres vivants vers la périphérie. Nous croyons être responsables de la dégradation organique de notre monde ? Nous n'en sommes que les victimes, acteurs inconscients d'une pièce qui se joue sans nous.

Et ainsi, la civilisation fait preuve d'une moralité et d'une éthique : celle de sa complexification et de la multiplication de ses formes. La civilisation cherche sa survie, se dissémine partout, poursuit le beau et le vrai (perçus ici comme la capacité de toujours se complexifier), donne naissance au numérique. Mais elle le fait maintenant *sans nous*. Nous sommes de plus en plus exclus du processus. Cela aussi est la condition inhumaine.

Il n'y a pas, il n'y a plus de moralité organique essentielle au processus. Si la reproduction, la dissémination et la complexification de la civilisation se font par l'entremise de la matière organique, alors tant mieux. Mais cela n'est plus une condition *sine qua non* du processus. Pendant des millénaires, la moralité et l'éthique humaines ont joué un rôle fondamental dans l'émergence et la complexification de la civilisation. Par celles-ci, l'humanité est sortie du joug de l'impuissance physique qui est son lot. Par celles-ci, l'humanité a pu se développer par l'intermédiaire de groupes de plus en plus grands, de plus en plus puissants et de plus en plus intelligents, groupes qui sont à l'origine de la civilisation. Car que sont moralité et éthique ? Des dynamiques qui permettent de vivre efficacement en groupe. La moralité et l'éthique ouvrent la voie à une existence qui se libère des pressions physiques. Par la vie communautaire étendue qu'elles permettent, l'humain se met à dominer la nature, se voit échapper à l'évolution, arrive à développer des outils mnémotechniques qui permettront l'émergence de la civilisation. La moralité, l'éthique et la compassion sont des « outils » qui rendent l'humanité possible. La moralité, l'éthique et la compassion sont notre capacité de penser, de vivre et de représenter collectivement. Voilà ce qui nous définit. Un humain, même dans le sens moderne du terme, est un être qui vit dans une société, la respecte, comprend ses codes, la nourrit de ses actions. Bref, un humain est quelqu'un qui permet à la civilisation de croître. La moralité et l'éthique se sont ainsi développées à travers les âges car si elles servaient l'humain, elles servaient d'abord et avant tout la civilisation.

Mais la civilisation est maintenant hautement développée. La voici qui déploie ses propres structures de pouvoir et de réglementation, structures qui nous apparaissent, à juste titre, inhumaines. Les accords de libre-échange, les recherches de productivité, la maximisation des horaires de transport (routier, aéronautique, ferroviaire), la prolifération des chaînes d'information, la multiplication des téléphones et ordinateurs portables, les réseaux sans-fil, etc., sont tous des phénomènes qui répondent à une nouvelle moralité, à une nouvelle éthique, non pas celles de l'humain mais bien celles de la civilisation. Voilà pourquoi l'aliénation, l'exil et le sentiment de perte semblent si universels : le monde nous échappe, se développe indépendamment de nous, crée sa propre structure de survie, sa propre moralité, sans tenir compte de notre existence. Nous ne sommes plus essentiels à la survie de la civilisation. Voici pourquoi tant de découvertes, tant de recherches et tant de phénomènes nous paraissent profondément choquants, parfois même insensés : ils ne répondent pas à une volonté humaine de rendre le monde plus utile, plus approprié à notre présence, mais bien à un besoin de rendre ce monde plus adapté à la multiplication de la civilisation. Xénotransplantation, clonage, manipulations génétiques, transplantation de visage, chirurgie esthétique, nanotechnologie, robotique, pharmacologie, sont autant de disciplines, phénomènes, entreprises qui ne répondent pas aux besoins humains, qui ne sont pas enchâssés dans la présence humaine, mais qui assurent la survie de la civilisation. Toutes ces expériences sur la forme du vivant, sur sa matérialité, sur ses structures profondes ne sont autres que des tentatives de diversification de la civilisation.

La civilisation vit, se développe et se multiplie par ses propres dynamiques et stratégies dans lesquelles nous ne sommes plus des acteurs fondamentaux. La civilisation acquiert aujourd'hui des formes de plus en plus éloignées des besoins humains et coupe ainsi le cordon ombilical qui nous y retient, par lequel elle nous nourrit. Voilà pourquoi nous la trouvons maintenant si étrange, si insolite, souvent si inhumaine.

Voilà ce qu'est la condition inhumaine. Nous pensons, regardons, réfléchissons ; nous produisons, façonnons, aimons, mais tout cela, nous le faisons pour la civilisation. Nous nous trompions donc lorsque nous prétendions appartenir à une culture, un pays, une nation. Nous appartenons à la civilisation, et la culture ou le pays que nous habitons n'en est qu'une manifestation particulière.

Nous ne pouvons aller plus loin que la civilisation, nous ne pouvons la réinventer car nous en sommes non seulement partie intégrante mais aussi dépendants. D'où notre malaise. À chaque multiplication des machines, nous pensons mettre la main sur le réel, le contrôler, le posséder. À chaque multiplication des machines, nous faisons un pas de plus vers le bannissement.

Chapitre VI

L'EXIL DE LA SINGULARITÉ

Plus la civilisation croît, se multiplie, se complexifie, plus ses machines pénètrent le tissu du réel, moins elle devient déchiffrable et cohérente, moins elle résonne des inquiétudes, des préoccupations et des désirs humains. Plus la civilisation se développe et plus l'écho de la réalité biologique y est faible. En fait, la complexification de notre monde nous mène vers une telle transformation de la réalité que certains y perçoivent même l'exil de l'humanité. Cet exil, ils le nomment « singularité ».

Qu'est-ce que la singularité ? C'est ce moment où, selon la loi du retour accéléré de Ray Kurzweil (inspiré de la loi de Moore et du concept de singularité technologique de Vernor Vinge[1]), la densité et la complexité des technologies atteindront un point tel et s'enchevêtreront à la vie humaine d'une façon si totale qu'il est impossible de prédire ce qui en émergera.

Quelques mots sur la loi de Moore. Proposée par Gordon E. Moore, fondateur d'Intel, en 1965, la loi de Moore prédit que le nombre de transistors sur un circuit intégré double tous les douze mois. Au tout début,

Moore suggéra que ce phénomène s'étendrait sur dix ans. Plus de quarante ans plus tard, la courbe de croissance a certes diminué mais très peu. En fait, la loi de Moore soutient maintenant que le nombre de transistors sur chaque circuit intégré doublera plutôt tous les dix-huit mois. Si cela peut paraître un ralentissement considérable (50 %), n'oublions pas que chaque multiplication est maintenant égale à la totalité de toutes celles qui l'ont précédée ! Cet accroissement exponentiel s'applique aussi à la capacité d'archivage de l'information (par les disques durs). Par rapport aux premiers disques durs produits en 1956, ceux que nous possédons aujourd'hui contiennent cinquante millions de fois plus d'informations[2]. Il est cependant important de noter ici que ces multiplications ne s'appliquent qu'à certains aspects des ordinateurs. Ainsi, la mémoire vive, par exemple, est loin de suivre le rythme. Il en est de même des logiciels qui ne peuvent exploiter à fond toutes les avancées des circuits intégrés. D'autres embûches se dressent aussi devant ces transformations, dont l'un est la taille de plus en plus réduite des transistors, si réduite en fait que les chercheurs se trouvent confrontés à des problèmes de physique quantique. Cependant, certains voient dans la création d'une informatique tridimensionnelle ou génétique la solution à ce problème[3].

La loi du retour accéléré, quant à elle, suggère une croissance exponentielle à toute la structure technologique de notre monde (c'est-à-dire que le nombre d'innovations double alors que le temps entre chaque multiplication diminue de moitié. S'il faut une année pour aller de un à deux, il n'en faut plus qu'une demie pour aller de deux à quatre, un quart pour aller de quatre à huit et un huitième pour aller de huit à seize. Notons ici que la seule multiplication d'un point à un autre, de seize à trente-deux par exemple, est plus élevée que tous les totaux précédents). Selon la loi du retour accéléré, la croissance est maintenant telle que nous parviendrons bientôt à un état de transformations si profondes, si rapides, si denses que toute l'existence humaine basculera (les cent années du XXe siècle, par exemple, équivalent à vingt ans d'innovations à la vitesse des transformations de l'année 2000. À ce rythme, les cent années du XXIe siècle seront l'équivalent de vingt mille ans de progrès au rythme d'aujourd'hui [4]). C'est ce que l'on nomme la singularité, c'est-à-dire le moment à partir duquel tout change sans qu'un retour en arrière soit possible. La singularité est le saut définitif d'une condition à l'autre. À partir de la singularité, l'humain est exilé de son humanité.

Qu'arrivera-t-il au-delà de la singularité ? Personne ne le sait : jaillissement d'une conscience machine, apparition d'un monde différent, étonnant, effrayant, émergence d'un écosystème mi-organique mi-biologique où les processus de sélections, de mutations et surtout de disséminations sont si transformés que le tissu même du vivant en est affecté. La singularité est un horizon d'événements, c'est-à-dire une limite au-delà de laquelle les lois physiques ne s'appliquent plus (l'horizon d'événements et la singularité sont des concepts empruntés à l'astronomie, qui les utilise pour identifier cette frontière entre le trou noir et l'univers connu. Au-delà de l'horizon d'événements, la flèche du temps et les lois physiques ne s'appliquent plus).

Certes, il semble facile de railler cette idée et de la qualifier de fantasme. Il est cependant important de souligner que nombre de penseurs et de scientifiques la prennent au sérieux, puisqu'elle est fondée sur une extrapolation de la très précise loi de Moore (qui prédit d'ailleurs le renversement de notre monde dans quelques années à peine, soit en 2030). De plus, de nombreux indices, pour le moins inquiétants, suggèrent que nous vivons déjà dans un monde assujetti à la loi du retour accéléré. (En 2002, Intel a produit un nouveau circuit intégré possédant plus d'un milliard de transistors et ce juste au moment où le prédisait la loi de Moore[5]. De plus, alors qu'il a fallu quatre-vingt-dix ans pour atteindre le premier million d'instructions par seconde par tranche de 1 000 $ dans un ordinateur, cette capacité augmente maintenant toutes les cinq heures[6].) Ainsi n'est-il pas étonnant que nous entreposions toutes nos connaissances sur Internet ? Que nous voulions absolument y enchâsser toute la réflexion humaine ? Que nous soyons à ce point séduits par l'écosystème technologique que nous y incrustons la quasi-totalité de nos activités, désirs et entreprises (de l'économie à l'érotisme en passant par les arts et la philosophie) ? Qu'une partie de plus en plus grande de notre existence y gîte ? N'est-il pas surprenant que nous numérisions nos pensées, nos ambitions, nos soifs et les rendions ainsi aisément analysables, manipulables, transformables ? N'est-il pas singulier que les machines, les systèmes numériques, les bases de données et langages informatiques soient possesseurs et gardiens de notre passé, de nos désirs, de nos appétits ? Que nous y délestions une partie importante de nos souvenirs ? Que ces systèmes soient producteurs de nos réalités visuelle et auditive, sexuelle et cognitive ? Il est important de tenir compte de ces étranges données avant de dénigrer la notion de singularité. Souvent, nous semblons déjà lui avoir concédé l'humanité.

C'est d'ailleurs ce qui inquiète Bill Joy. En avril 2000, ce cofondateur de Sun Microsystem (où il a occupé, entre autres, la position de directeur scientifique) a écrit un article frappant intitulé « *Why the Future Doesn't Need Us* » dans la prestigieuse revue américaine *Wired*[7]. Selon Joy, les nouvelles technologies, celles de la robotique, du génie biologique et de la nanotechnologie, posent trois problèmes nouveaux et particulièrement alarmants :

1. Elles ont la capacité de s'autoreproduire et peuvent donc échapper à notre contrôle ;

2. Elles sont « légères », facilement produisibles, à la portée d'un nombre toujours grandissant d'individus (contrairement à celles qui sont produites par le complexe militaro-industriel) ;

3. Leur impact sur l'environnement est inconnu. Nous comprenons la conséquence d'une bombe sur une civilisation ou un écosystème. Qu'en est-il de la robotique, du génie biologique et de la nanotechnologie ?

Pour Joy, la venue de la singularité, des machines conscientes, pensantes, spirituelles (selon le titre d'un livre de Ray Kurzweil) marquera la fin de l'espèce humaine.

Pour le scientifique Ray Kurzweil, au contraire, la singularité sera porteuse d'extraordinaires changements. Car Kurzweil perçoit la singularité comme l'avant-dernière étape de la transformation informationnelle, précédant la phase qu'il nomme « éveil de l'univers ». Rappelons que Kurzweil propose les six étapes suivantes :

1. L'époque de la physique et de la chimie : l'information est dans les structures atomiques ;

2. L'époque de la biologie : l'information se cache dans l'ADN ;

3. L'époque des cerveaux : l'information se prolonge dans les circuits neuronaux ;

4. L'époque de la technologie : l'information se multiplie dans les logiciels et le hardware ;

5. L'époque de la fusion humain/technologie : l'information des corps et des machines s'enchevêtre ;

6. L'époque du réveil de l'univers : l'information sature à ce point la matière que le cosmos devient conscient[8].

La dernière étape est, bien sûr, la plus controversée. Inspirée par les propos du jésuite français Teilhard de Chardin[9], elle est la plus facilement critiquable. Cependant, Kurzweil a le mérite de ses convictions. Il touche aussi à un élément essentiel de la réflexion technoculturelle contemporaine : y a-t-il un sens à l'innovation, à la complexification, à l'émergence de l'intelligence collective ? L'écosystème obéit-il à une nécessité fondamentale ? Si le but n'est que la réplication, alors pourquoi la conscience ? Les mécanismes de survie, d'immunité et d'adaptation peuvent parfaitement fonctionner sans la conscience. Pourquoi alors l'innovation technologique, pourquoi ces outils qui nous forcent à la contextualisation ? Tant le gène que le mème peuvent se reproduire en n'utilisant que les mécanismes intuitifs de la survie, de l'immunité et de l'adaptation. Dès lors, pourquoi l'éveil et la souffrance qui l'accompagne ? Certes, le but de ce livre n'est pas de répondre à ces questions. Mais il est important de souligner ici que si les propos de Kurzweil ont parfois tendance à être provocateurs, ils n'en sont pas moins fertiles de questionnements.

Joel Garreau, journaliste américain au *Washington Post*, fait la somme de ces positions dans *Radical Evolution*. Pour Garreau, la position de Kurzweil et de Joy représentent respectivement *le scénario du paradis* et *le scénario de l'enfer*. Garreau, quant à lui, propose un troisième scénario, *prévaloir (prevail)*, dans lequel il perçoit non pas l'impact des technologies sur l'humain mais bien celui de l'humain sur les technologies. Pour Garreau (et pour Jaron Lanier, inventeur de la réalité virtuelle, longuement interviewé dans ce livre), l'humain et l'écosystème sont trop inventifs, trop adaptables, trop imprévisibles et souvent trop généreux et sensibles, fonctionnant non pas simplement par compétition et élimination, mais aussi par collaboration et coévolution, pour laisser le monde disparaître sous le poids des technologies.

Pourquoi aborder ici l'hypothèse de la singularité ? Qu'il y ait singularité ou non, il y a, indéniablement, multiplication non seulement de la présence des technologies, de la vitesse de leur apparition, de la quantité d'innovations qu'elles proposent mais aussi du caractère de ces technologies. Voilà d'ailleurs une des clés les plus fondamentales des changements actuels. La roue, par exemple, si elle s'avéra être le déclencheur d'une profonde révolution, n'en restait pas moins compréhensible, définissable et surtout perceptible. Il en est tout autrement des innovations contemporaines. La nanotechnologie par exemple (domaine qui est maintenant de l'ordre du concret[10] et dont l'impact saisissant sur le tissu du réel ne fait que s'amorcer) *nous sera invisible* puisqu'elle se déploiera dans le microcosme, dans l'enchaînement du vivant, dans cette sphère imperceptible qui est celle de la réplication de l'information.

La singularité contemporaine n'est donc pas simplement l'omniprésence des technologies (bien que cela en fasse partie). La singularité symbolise aussi la dématérialisation des technologies, leur effacement du spectre du visible, de l'audible, du palpable. N'est-ce pas d'ailleurs ce qui effraie chercheurs, citoyens, politiciens et penseurs ? Non pas simplement la domination de la technologie mais aussi, et surtout, sa disparition ? Tant les technologies que leur utilisation, tant l'enveloppe humaine que ses manifestations, tant les métamorphoses du vivant que leurs expressions glissent de plus en plus vers l'invisible, le microscopique, le nanomètre, plongent de plus en plus vers et dans les structures profondes de la matière. L'horizon d'événements n'est pas, en soi, la simple convergence de l'humain et du technologique mais bien leur point de contact dans des dimensions de la réalité si fines, si petites, si extrêmes qu'aucune frontière n'y existe, qu'aucune distinction n'y est vivace, qu'aucune différenciation n'y est présente. Dans l'immensément petit, humain, machine, bactéries et informations sont une matière indifférenciée qu'il est possible de manipuler, transformer, resculpter à volonté. Voilà ce qui nous effraie : la plongée des technologies et du savoir humain dans les dimensions les plus intimes (littéralement) et les plus sacrées de l'existence. Car si l'immensément grand reste souvent insondable, c'est dans l'immensément petit que se dissimulent les sens, volontés et mécanismes fondamentaux de l'existence et de l'univers (c'est d'ailleurs dans les quarks, neutrinos et électrons, bref dans ce que Brian Greene nomme les lettres de la matière[11], que se cachent les mécanismes de l'immensément grand). Et ainsi, bien plus que l'immensément complexe, c'est l'immensément petit qui nous effraie car nous y voyons, littéralement, la possibilité de repenser le vivant et de le remodeler en des formes totalement différentes (d'où l'horizon d'événements) ; car nous y voyons la possibilité de toucher le sacré, l'éthéré, le sens de l'univers (c'est dans l'ADN, la génétique, l'atomique, le quantique que se cache le sacré contemporain. Toucher à la complexité de l'immensément petit est toucher au divin). C'est la plongée dans l'immensément petit qui nous fait craindre la transformation profonde de notre monde.

En fait, plus il y a de technologies, plus le reflet que l'humanité reçoit d'elle-même et de son monde se multiplie ; paradoxalement, moins elle est alors capable de se définir, de le comprendre, de se conceptualiser, de le rendre cohérent. C'est cette impossibilité qui est à la base de la condition inhumaine.

Mais je me dois d'être plus précis. La condition inhumaine n'est pas l'impossibilité de se définir et de saisir le monde, car cela n'est pas unique à notre époque. La condition inhumaine est *la zone d'interférence* qui empêche toute notion, toute idée de définition. Je m'explique : l'humanité se définit et sculpte son univers par le reflet que lui renvoie la technologie (l'outil). Mais ces reflets sont maintenant si nombreux, et émanent de tant de sources à la fois, qu'ils finissent par s'amplifier ou s'annuler mutuellement.

L'amplification des reflets engendre les innombrables expériences contemporaines sur le corps et sur l'humanité (manipulations génétiques, transgénisme, greffes diverses, chirurgie esthétique, etc). L'annulation crée l'impossibilité de (se) comprendre et de se définir. Ce sont ces deux phénomènes que je nomme la condition inhumaine.

Ainsi, la multiplicité des formes vivantes et humaines que nous voyons aujourd'hui, tout autour de nous, et l'infinie quantité de reflets de l'humanité et du vivant que nous renvoie la technologie vont de pair avec l'*impossibilité de nous définir par les technologies*. Car ce sont les réverbérations des technologies qui créent les zones d'interférences. Voilà le paradoxe : les outils-mèmes nous renvoient d'innombrables reflets de ce que nous sommes et d'infinis éclats de ce qui nous façonne, tout en nous empêchant de nous définir. Voilà ce qu'est la condition inhumaine : la multiplication de l'humanité inséparable de l'impossibilité de sa conscience d'elle-même. Et la multiplication des outils-mèmes ne fera qu'accentuer ce contresens. La singularité dont parle Kurzweil n'est pas tant l'enchevêtrement de l'humain dans les technologies que l'impossibilité de toute fondation de cet humain. Nous multiplions l'humanité et ses formes tout en la rendant impossible. Mais ce jeu d'amplification et d'interférences ne s'arrête pas là, car la réalité biologique se voit, elle aussi, soumise aux interférences et amplifications humaines/outils-mèmes.

Résultat ? D'un côté la réalité s'amplifie sans fin, de l'autre il devient de plus en plus difficile de la définir. Un mouvement contradictoire fait son apparition : la réalité s'amplifie alors que ses zones d'interférences se multiplient. Et ainsi, *plus la réalité s'amplifie et plus elle devient indéfinissable, irréelle, simulacre*.

Voici ce qu'est, j'ose croire, la singularité, ou plus précisément la condition inhumaine : l'amplification de l'humain et de la réalité, inséparable de l'impossibilité de les définir.

Le problème fondamental auquel nous faisons face est justement cet étrange paradoxe qui ressemble, en fait, à celui que pose la physique quantique : plus nous tentons de mesurer un phénomène et plus celui-ci échappe à notre regard (comme le suggère le principe d'incertitude de Heisenberg qui prouve l'impossibilité de mesurer avec précision la position *et* la vélocité d'une particule). Plus nous examinons la réalité par l'entremise des technologies, plus les reflets que nos examens produisent nous empêchent de la définir et plus celle-ci nous paraît alors singulière. Plus inquiétant encore : plus nous tournons notre regard vers l'humanité, par l'entremise là encore de la technologie, et moins pouvons-nous l'appréhender.

Alors, quelle solution proposer ? Aucune qui soit globale ou globalisante, puisque chaque solution suggérée produit un reflet qui simultanément amplifie et efface l'objet ou le phénomène analysé. Devant cette véritable singularité cognitive, il n'y a d'autres solutions que de plonger pleinement dans la condition inhumaine. Mais que veut dire « plonger pleinement dans la condition inhumaine » ?

Cela veut dire avoir le courage de laisser de côté l'humanité telle que nous la percevons, telle que nous tentons de la comprendre et de l'analyser depuis deux mille ans. Cela veut dire cesser de vouloir comprendre notre relation à la nature, à la réalité, aux technologies, aux structures microscopiques et macroscopiques selon les frontières, délimitations et lectures de la réalité biologique. Mais surtout, cela démontre que la seule façon de comprendre cette réalité d'algorithmes, de mèmes et de gènes qui nous entoure, est en observant non pas le microcosme ou le macrocosme, la technologie ou l'humain, la réalité ou ses interférences, mais bien tous à la fois, en même temps. Qu'est-ce à dire ? Que l'impossibilité, par exemple, doit être comprise *avec, par et dans* l'humanité, *avec, par et dans* la génétique et la mémétique. Que la réalité doit être perçue comme une matière qui est toutes les dimensions à la fois, qui est toutes les échelles en même temps. Que les technologies ne doivent pas être perçues et analysées comme de simples outils dont l'impact est mesurable, dont la présence est délimitable, mais comme des phénomènes aussi enchevêtrés à l'humanité que les bactéries. Que l'humanité n'est pas une somme d'individus uniques et autonomes mais qu'elle est, elle aussi, une somme d'échelles de réalités, de reflets, de zones d'interférences et d'amplifications, que l'humanité n'est pas simplement une masse de gènes mais qu'elle est aussi une infinité de mèmes, de collectivités, d'outils et d'intelligences. Que l'humain, l'individu, l'homme et la femme qui forment la base de notre compréhension du monde, de l'écosystème et même des structures profondes de l'univers (car tout, pour nous, part du principe de l'observateur unique) sont impossibles, qu'ils sont des chimères, des leurres, des mythes, une histoire que l'humanité a plaqués sur le monde qui l'entoure afin de mieux survivre.

Voilà ce qu'est la condition inhumaine : la perception que nos structures d'analyse sont non seulement inadéquates et obsolètes mais qu'elles sont aussi erronées, que la « vérité » biologique du corps n'est possible qu'enchevêtrée non seulement aux innombrables échelles de la réalité, mais aussi aux infinis reflets que produisent les outils-mèmes, que la dimension biologique du corps n'est définissable qu'en tenant compte des simulacres, gènes et mèmes qui s'entrecroisent dans les réalités. La condition inhumaine est la manifestation de ce discernement : nous percevons le décalage entre ce que nos cultures nous proposent de notre état et ce que les nouvelles donnes technologiques, mémétiques, cognitives nous en prouvent.

Et cette présence violente de la condition inhumaine, cette lumière qui se déverse sur nous de l'horizon d'événements, nous pouvons en voir, déjà, d'innombrables manifestations.

L'homonymisation est une preuve importante de ces changements. Ce concept, inventé par Alexandre Leupin, permet de repérer les traces (linguistiques) qu'un changement paradigmatique laisse de son passage [12]. Après un tel changement, nous dit Leupin, les termes qui se posent en fondation de notre représentation se vident de leur définition originale et acquièrent un sens nouveau. Après le christianisme, par exemple, le mot *Dieu* ne possède plus le même sens [13]. Après Newton, le terme *cosmos* ne représente plus la même chose.

Nous sommes actuellement dans une ère d'homonymisation profonde[14]. Comment définit-on aujourd'hui la notion d'individu ? Celle de réalité ? D'être vivant ? Comment définit-on le concept d'intelligence ? Celui de conscience ? Comment définit-on l'idée de machine, de technologie ? *Ce sont les termes qui fondent notre compréhension du réel qui subissent l'homonymisation.* C'est ce qui était considéré comme la fondation même de notre état qui acquiert une nouvelle dimension.

Nous sommes déjà dans la condition inhumaine, nous avons déjà franchi une partie de l'horizon d'événements. Mais l'homonymisation n'en est pas la preuve unique. D'autres traces de cette condition, de cette traversée sont visibles dans la société contemporaine.

1. La surveillance

Nous vivons, cela est indéniable, dans une ère paradoxale, à la fois de solitude et de surveillance. Si nous pouvons examiner, de façon isolée, dans l'intimité des murs qui forment nos maisons, d'innombrables aspects de la réalité humaine (politiques, médicaux, sexuels, etc.), nous le faisons sous la menace d'une surveillance continuelle. Mais cette menace, nous nous l'imposons. Car c'est notre présence abstraite, multipliée, a-géographique, dématérialisée, hypersexualisée dans les réseaux, les machines, les bases de données, dans et par les outils-mèmes, les simulacres et les structures sociétales, qui nous alarme. C'est la façon dont nous abordons, saisissons et réquisitionnons la réalité qui nous terrifie. Voilà pourquoi, partout, tout autour, la surveillance se fait de plus en plus importante, universelle. Ce ne sont pas les chantages terroristes qui sont à l'origine de cette surveillance (même s'ils en font partie, mais le terrorisme contemporain est lui-même, dans sa forme, ses desseins et ses conséquences, preuve de la condition inhumaine[15]), mais bien l'instabilité que nous percevons en nous, par nous. Nous nous surveillons car nous sommes inquiets. Nous nous surveillons car nous voyons et sentons que la condition inhumaine est là, tout autour, et que sa marche est inexorable. Nous nous surveillons, *nous nous laissons surveiller* car nous craignons la contamination de l'insensé. Voilà pourquoi nous laissons des traces de notre passage (même si nous savons que celles-ci peuvent être masquées) : nous sommes terrifiés à l'idée de nous perdre dans l'impossible de la condition inhumaine.

2. La solitude

La société contemporaine est riche de solitude, une solitude étrange, nouvelle, une solitude du regard, de l'horizon, la solitude du cosmonaute noyé dans le firmament. Mais il ne s'agit pas ici du phénomène tant décrié par certains critiques de la technoculture (pour qui les technologies de la communication poussent vers un isolement et une aliénation absolus). Il ne s'agit pas de cette solitude que Paul Virilio voyait poindre dans la structure même des médias[16]. Non, il s'agit plutôt d'une solitude trouble, une solitude de sens et de définitions, *une solitude d'entendement*.

Car nous ne sommes pas seuls, nous ne sommes pas solitaires, nous ne sommes pas abandonnés. Jamais les réseaux de la communication n'ont été si puissants, si universels. Les technologies de la communication nous offrent la possibilité de trouver et d'intégrer n'importe quelle communauté, peu importe sa spécificité. Par les technologies de la communication, tout le spectre des désirs et des appétits humains est présent, disponible, accessible. Il ne s'agit donc pas d'une solitude physique.

Il s'agit d'une solitude d'entendement, une solitude qui porte vers l'horizon d'événements, qui impose la condition inhumaine. Non pas la question de savoir si l'autre est là, car il y a toujours un autre (des autres) là, quelque part, prêt à écouter les messages que nous envoyons. Mais bien la question de savoir qui est l'autre. De savoir qui est ce nous qui communiquons par ces réseaux, qui les parcourons, qui les traversons. Les innombrables reflets que nous renvoient les outils-mèmes aujourd'hui sont à la base de ce qui provoque les amplifications et interférences de l'humanité. Mais que sont ces reflets émanant d'Internet, des chats, des listes de discussions, des blogs, des SMS ? Des reflets humains, machines, des reflets simulacres ? Des reflets automatisés, détritus, contaminés, contaminant ? Qui sont ces reflets ? Avec qui, ou quoi, communiquons-nous ?

Que communiqué-je ? Que suis-je en train de forger comme reflets ? Quelle image de moi suis-je en train de produire, quelles empreintes suis-je en train de laisser ?

Quelle est la force de mon message, l'utilité de celui-ci, la pertinence de ces incessants dialogues technologiques ? Et que dit, véritablement, le médium, que glisse-t-il au-delà, en deçà de ses messages ? Que représentent ce réseau, sa violence, son hypersexualisation, ses fantasmes, sa générosité, ses aires de jeux, de destruction, de diffamation, ses terrains de liberté, de démocratie, de générosité ? *Que sont les messages du médium ?* Que deviennent nos messages à travers ce médium[17] ? Voilà d'où émerge la solitude nouvelle, cette solitude de l'entendement qui parcourt l'humanité. Nous parlons sans fin et pourtant nous nous éloignons toujours plus de l'entendement. Voilà la nouvelle solitude. Voilà une partie du malaise, du mal-être dont nous sommes porteurs. Non pas la solitude physique, mais une solitude de la localisation. Où sommes-nous placés, quel est notre point de vue, notre perspective ? Qui me fait face ?

Il y a plus de quarante ans était publié un livre de science-fiction intitulé *Solaris*. Écrit par Stanislaw Lem, ce livre raconte la découverte par l'humanité d'une planète (Solaris), perdue dans les confins de l'univers. Mais Solaris est bien plus qu'une planète, elle est un être vivant, elle semble pouvoir parler, respirer, penser. En elle, les réponses aux questions qui hantent l'humanité paraissent exister. Ensorcelés par ses promesses, les humains s'en approchent, essayent de communiquer avec elle, inventent une science (la solaristique) pour en comprendre l'essence. Mais peine perdue, celle-ci reste muette. En fait, Solaris n'est pas silencieuse, mais les hommes qui l'orbitent ne peuvent (ou ne veulent) entendre, comprendre, reconnaître sa voix, ses murmures. Car les mots de Solaris sont des fantômes qu'elle façonne au moyen des émotions refoulées des astronautes. Par Solaris, l'humanité fait face à son incapacité de parler, de confronter ses peurs, d'affronter ses erreurs. Solaris n'est donc pas aphone, elle parle et chuchote, mais au-delà de ce que les personnages veulent ressentir.

C'est, je propose, la relation que nous avons à l'univers machine, à la condition inhumaine.

Il y a, entre nous et l'univers technologique, un profond silence. Rien, dans cet univers, ne nous répond, rien ne semble nous écouter, reconnaître notre présence. N'est-ce pas là, en quelque sorte, l'angoisse que l'univers machine produit en nous ? Non pas la crainte d'une domination des machines sur l'humain, comme tant de films l'ont proposé, mais plutôt la peur de l'indifférence des machines, l'angoisse à l'idée qu'elles nous oublient, qu'elles nous ignorent, qu'elles construisent un monde nouveau, étrange sans même nous voir, nous entendre, nous reconnaître ? Nous ressemblons aux personnages de Solaris. Comme eux, nous croyions avoir découvert un univers dans lequel l'humanité trouverait un réconfort, dans lequel le sens de sa souffrance serait expliqué. Mais comme eux, nous nous retrouvons devant un monde qui ne répond pas, qui n'entend pas, qui n'écoute pas, et ne fait que nous renvoyer nos propres questions, nos propres fantômes, nos propres énigmes.

Pourquoi ? Parce que le langage informatique, au fondement même de la condition inhumaine, ne touche rien, n'entend rien, ne voit rien, car le langage informatique, qui fonde le monde contemporain, ne restitue pas le réel. Telle la planète Solaris qui utilise fantômes et rêves, l'univers informatique dialogue, communique, échange avec nous au moyen de structures (le code binaire) qui dépassent l'entendement biologique. En amont de ce langage, il n'y a ni évolution, ni naissance, ni réel. En aval, aucune entropie. Nous dialoguons sans fin avec une technologie qui prétend parler notre langue, mais qui n'est que l'écho de ses dimensions binaires, la résonance de notre questionnement.

3. Le corps

Que reste-t-il alors ? Comment créer un sens, des sens, face à ces métamorphoses, à ces instabilités ?

Confronté à un univers qui ne cesse de glisser, de s'enchevêtrer, où les réalités s'entremêlent, où gènes et mèmes se lovent les uns aux autres, où les outils-mêmes produisent, sculptent et métamorphosent l'humanité, où intelligence, conscience et individualité sont violentées, où l'interlocuteur est filtré par le réseau, ce réseau fuyant, invisible, incompréhensible, où les messages et dialogues sont contaminés par la solitude de l'incohérent, la seule frontière, définition, matérialité que l'humain peut encore toucher, voir, identifier est le corps humain. Voilà pourquoi les manipulations qu'il subit sont si nombreuses. Nous poussons notre corps aux limites de sa matérialité car nous cherchons, de celui-ci, une réverbération par laquelle apparaîtra le début d'un entendement. Nous poussons notre corps aux limites de sa matérialité *afin de trouver les (nos) limites*. Et ainsi, les comportements étonnants, les attitudes violentes, les manipulations les plus extrêmes que nous imposons à notre corps ne sont pas des signes de folie mais bien de lucidité. Nous recherchons l'entendement, les limites, les frontières de notre humanité, nous voulons savoir où se cache le point un de la réalité. Voilà ce que sont, par-delà les pressions sociales, économiques et politiques (qui jouent un rôle non négligeable dans ces phénomènes, il faut aussi le reconnaître), l'anorexie, la boulimie, l'ingestion de stéroïdes, les implants mammaires, les injections de botox, les transplantations d'organes, les tatouages et piercings, voilà ce que cherchent les combats extrêmes, le besoin, rare, mais réel, de se faire amputer des membres sains. Tous ces comportements insolites ne sont pas, comme on pourrait le croire, les signes d'une dégénérescence, mais bien une volonté de trouver un sens, une raison, une dynamique aux transformations que nous subissons. Comme le propose le chercheur américain Crispin Sartwell, le drogué, l'alcoolique, l'anorexique, ne sont pas des exemples d'une absence de volonté. Au contraire, pousser à ce point son corps dans la violence, est faire preuve d'un désir profond de sens, de cohérence. Il ne s'agit pas d'actes de perte de contrôle mais bien de recherche de limites et de frontières. Qui sommes-nous, pris dans l'impossibilité de notre corps, de notre conscience, de notre souffle ? Qui sommes-nous dans la terreur de la souffrance ? Pouvons-nous circonscrire notre réalité dans le bassin de la douleur, dans la perspective de la mort ?

Qu'est-ce que cela suggère ? L'impossibilité de la compréhension du corps est intimement liée à celle de la sexualité. Nous ne comprenons plus notre corps, n'arrivons plus à le définir, à l'identifier, à le reconnaître, car nous ne savons pas ce qui vit et meurt en nous, car nous ne savons pas ce qui désire, s'accouple, copule et fantasme en nous.

Il est important de glisser quelques mots sur le sujet. Car sexualité et technologie, dont l'enchevêtrement est aussi vieux que l'humanité, se voient maintenant prises dans une boucle de rétroactions qui leste la présence de la condition inhumaine. Mais pourquoi ? Et comment ? Bien que la psychanalyse ne soit pas le sujet principal de ce livre, invoquons Lacan pour nous aider.

Que dit Lacan ? À partir du moment où l'être humain se met à parler, il projette sa sexualité dans le langage [18]. Le langage devient à la fois le contenant de sa pulsion sexuelle et l'impossibilité de cette pulsion (le langage ne peut que symboliser la sexualité, il est incapable de la retourner au corps). Plus nous devenons des êtres de langage, de culture, de paroles et plus le désir *et son impossibilité* grandissent (le fait de parler symbolise la sexualité. Cette symbolisation produit le désir. Le désir exige la parole. Mais parler ne fait que symboliser plus à fond la sexualité). Pourquoi mentionner Lacan ici ? La condition inhumaine suggère à la fois l'amplification et l'impossibilité de l'humain. Cette amplification/impossibilité émerge par l'entremise de nouveaux langages : mathématiques, physiques, chimiques et surtout informatiques. Une partie importante du langage humain n'est possible, aujourd'hui, qu'à travers des stratifications de plus en plus denses du langage informatique, ce langage parfaitement absent du réel (puisqu'en amont de celui-ci, nous ne retrouvons pas le réel mais l'impulsion binaire). La machine informatique est donc une machine du langage. Qu'est-ce à dire ? Eh bien, que cette machine n'est pas simplement un amplificateur de la sexualité (les machines participent à la symbolisation de la sexualité et donc à l'accroissement du désir), *mais qu'elle est aussi productrice de son impossibilité.* Par l'informatique, l'humanité parle deux fois : la première par le langage humain, la seconde par le langage machine. Et ainsi, plus nous tentons d'accéder à la sexualité par l'entremise des machines informatiques et plus nous plongeons dans le désir, nous éloignant toujours plus du réel. Plus nous utilisons les machines informatiques et plus la sexualité, comme affirmation biologique, devient chimérique, vaine, insensée. Car non seulement les machines informatiques produisent le désir et symbolisent l'acte sexuel, mais elles produisent aussi des structures fantasmatiques inhumaines (puisque la symbolisation de la sexualité par le langage informatique est, à la base, impulsions binaires) qui multiplient les zones d'interférences. Voilà en quelque sorte ce que veut dire être sexué dans la réalité technologique. Plus nous multiplions la présence sexuelle dans les machines (amplifications), plus l'impossibilité de cette même sexualité grandit[19] (interférences). Voilà pourquoi tant de manifestations, représentations et phénomènes sexuels peuplent Internet. Voilà pourquoi les manifestations sexuelles y sont si diverses, si étranges, si nombreuses et parfois si extrêmes. Par définition même, Internet entraîne l'internaute dans une spirale d'amplifications et d'interférences sexuelles. Le langage informatique d'Internet produit, par sa présence même, une symbolisation de la sexualité. Cette symbolisation crée un désir. Ce désir, pris dans la représentation machine, ne peut jamais être assouvi, il ne peut être que multiplié. La condition inhumaine est aussi cela : la multiplication sans fin à la fois du désir et de son impossibilité.

La pornographie contemporaine est l'expression parfaite de ce paradoxe. La pornographie contemporaine est à la fois l'impossibilité sexuelle (elle cache la présence des fluides[20]), la négation biologique (elle rejette toute possibilité de fécondation et d'infections), le déni de l'animalité (puisqu'elle copule sans raison et sans cérémonial) *et* la prolifération de l'acte sexuel. La pornographie est à la fois production du désir *et* impuissance (puisqu'elle est enchâssée dans les langages cinématographiques, informatiques, littéraires ou autres, qui empêchent toute saisie réelle du corps sexuel). La pornographie contemporaine, en particulier sur le web, est à la fois surveillance (la fréquentation des sites pornographiques est comptabilisée), trahison du corps (puisque les chairs y sont fantasmatiques), solitude (puisqu'il s'agit, du moins sur Internet, d'une activité essentiellement solitaire) *et* volonté de résistance à la condition inhumaine (résistance cependant futile puisque la pornographie est toujours langage). La pornographie contemporaine illustre à la fois la négation du corps et la volonté de se croire, de se sentir, de se percevoir organique, animal, être vivant porté par ses pulsions sexuelles. Elle est l'expression à la fois de la présence grandissante du désir, tel qu'il est produit par l'omniprésence du langage machine, et de notre soif de transcender ce désir.

Et ainsi, partout, tout autour de nous, l'horizon d'événements, déjà, couvre une partie du ciel. La surveillance, la solitude et l'apparition de comportements insolites (sexuels et autres) sont ce jeu d'ombres et de lumières que cet horizon pose sur notre monde. La réalité, tout autour de nous, se multiplie : nous faisons maintenant face aux couches de réalité, aux strates d'intelligence, aux collectivités du vivant, aux sexualités machines, notre corps se multipliant à l'infini, perdant toute limite et toute identification, subsistant au-delà, ou en deçà, de notre entendement, s'alliant aux outils-mèmes, s'ouvrant à leur pénétration. Nous voici, grâce aux machines, aux technologies et aux reflets des outils-mèmes, regardant un monde nouveau qui s'étend jusqu'à l'infini (et dans l'infini), un monde dans lequel l'humain parle, symbolise et désire par le langage machine. Dans ce monde, ce que nous avons toujours perçu comme la réalité n'est plus unique, circonscrite, stable, elle est une série d'ondes qui s'amplifient, s'interfèrent et se propagent dans les dimensions de l'espace et du temps. La condition inhumaine n'est pas celle de l'homme ou de la femme détruits, déchirés, déshumanisés, mais bien celle de l'humain qui cherche avec difficultés, non pas une seule définition de ce qu'il est, mais une nuée de possibilités, de potentialités et de métamorphoses.

Proposons une analogie : grâce à la théorie du chaos, la façon dont nous percevons la périodicité d'un système a changé. Un système qui nous semblait aléatoire et « chaotique » (comme la fumée d'une cigarette par exemple) est aujourd'hui perçu comme appartenant à cette étrange qualité de la nature que l'on appelle l'attracteur. L'attracteur est cette périodicité vers laquelle un système est attiré. Il y a quatre genres d'attracteur. L'attracteur du point fixe, qui force le système à s'arrêter à un point déterminé, l'attracteur des cycles limités, qui force le système à plonger dans une série de boucles (comme c'est le cas pour un métronome), l'attracteur quasi périodique qui produit dans le système une fréquence qui semble régulière mais est toujours différente, et surtout l'attracteur étrange, dans lequel le système, s'il ne quitte pas une aire déterminée, n'y produit pas moins des parcours toujours différents[21]. Un attracteur étrange confine un système dans une série de possibilités infinies (même s'il s'agit là d'un paradoxe).

Le système semble chaotique, mais il répond à un ordre d'attraction, il semble se promener de façon désordonnée dans une aire spécifique mais forme, en fait, une structure précise dont la configuration est impossible à prévoir (car si le système tourne autour de son attracteur, il n'en reste pas moins très sensible aux plus petites perturbations). Pour Manuel de Landa, l'attracteur étrange « oblige » un système à pénétrer dans un état de création et de créativité continues[22].

Pourquoi souligner ici cette caractéristique du chaos ? Car l'amplification et l'interférence des ondes et des reflets entre humanité et outils-mèmes, et entre machines et sexualité, poussent le système de représentations de l'humain (ses universaux, ses définitions de ce qui est unique, intelligent, conscient, ses lectures de l'écosystème, sa perception du sens) vers un attracteur étrange : dans une aire délimitée (par les structures de la biologie, de la physique et du langage), le nombre de représentations possibles est maintenant infini et surtout imprévisible (bien que les possibilités orbitent autour de l'attracteur étrange), car extrêmement sensible aux plus petites fluctuations. Et ces fluctuations sont de plus en plus nombreuses. Il est (et il sera) de moins en moins possible de prédire la définition que se donnera l'humanité, le nombre de changements qu'elle subira, la forme et la force de ces changements. Tout ce que nous pouvons prédire est que ces formes ne sortiront pas de l'orbite de l'attracteur étrange. Voilà ce qu'est la condition inhumaine : l'impossibilité de l'humanité, de son corps, de sa sexualité.

Chapitre VII

L'INSENSÉ ET LA SCIENCE-FICTION

> Il est impossible de surestimer l'impact de la science-fiction sur la culture contemporaine, une culture qui se perçoit comme étant elle-même de la science-fiction.
>
> *Scott Bukatman* [1]

Pourquoi aborder la science-fiction ? Parce que ce genre artistique ne parle pas du futur mais résonne des problèmes, préoccupations et espoirs de son époque. La science-fiction matérialise les angoisses contemporaines, les rend visibles, présentes, vivaces. En les projetant dans un avenir possible, la science-fiction apprivoise les bouleversements de la société.

Pourquoi aborder la science-fiction ? Car depuis un peu plus de trente ans, ce genre littéraire et cinématographique a acquis ses lettres de noblesse. La présence grandissante des technologies dans notre société y est certes pour beaucoup, mais les relations difficiles entre réalité biologique et technologique et les dérapages parfois critiques de la condition inhumaine ont aussi ouvert la porte à un examen créatif de notre situation actuelle. Les dernières années ont ainsi vu la science-fiction s'attirer non seulement un public et un lectorat éduqués mais aussi des écrivains, cinéastes et dramaturges de renom. Aujourd'hui, la science-fiction se veut un prisme incontournable par lequel observer, étudier et analyser la société actuelle.

Pourquoi aborder la science-fiction ? Parce que la science-fiction contemporaine illustre la perte de nos jalons, la nécessité de nous définir par les outils-mèmes, le paradoxe de l'amplification et de l'interférence ; elle regarde avec attention l'horizon des événements, comprend l'attracteur étrange, examine l'orbite que nous empruntons autour de lui. Qui plus est, la science-fiction nous démontre que l'impossible est partie intégrante non pas simplement de la société contemporaine mais bien du vivant lui-même. Dans et par la science-fiction (cinématographique surtout), l'imaginaire, le fantasme, le simulacre se mélangent à la réalité. Bref, la science-fiction contemporaine illustre notre incapacité à contenir le monde qui glisse sous nos pieds et exprime notre besoin de trouver des points de repère tangibles, et surtout visibles, face à l'instabilité actuelle. S'il y a mutations, transformations, singularité, qu'il n'y ait pas, au moins, invisibilité, que l'angoisse que nous ressentons soit concrète, non pas sourde ou occulte. Voici d'ailleurs pourquoi les monstres pullulent dans ce genre artistique. Les monstres, dans la science-fiction, qu'ils soient machines, extraterrestres ou morts-vivants, incarnent littéralement nos peurs, donnent littéralement forme à l'incompréhensible et à l'indéchiffrable.

N'est-ce pas là, en fait, tout le propos de la série *Matrix* ? Neo n'est-il pas un personnage angoissé, schizophrène (il entend des voix, fait preuve d'une paranoïa profonde, croit être l'élu, est victime d'hallucinations), dominé par ses tourments et ses peurs, jusqu'au moment où celles-ci acquièrent une forme visible (les machines) ? Tout malaise en Neo ne disparaît-il pas dès qu'il se réveille « *in the real world* » et qu'il perçoit ses effrois comme des formes concrètes et reconnaissables dont il pourra triompher ? Neo ne se guérit-il pas en se créant des ennemis précis, matériels, visibles ? En sculptant un monde palpable et des adversaires tangibles dans le matériau qu'est sa folie[2] ?

Comme l'illustre bien *Matrix*, les monstres en science-fiction sont une concrétisation de l'incohérent, de l'insaisissable, du fuyant, une cristallisation de l'homonymisation. Les monstres absorbent l'étrangeté, le fugitif, ils donnent forme à l'incertain, ils sculptent l'insensé. Voilà pourquoi nous les voyons même déborder de l'imaginaire et contaminer la réalité ; par les monstres, la condition inhumaine devient visible, son incohérence délimitée, son désordre figé. Voilà pourquoi la brebis Dolly et le personnage du T-1000 dans *Terminator 2* se ressemblent tant, chacun né par la grâce du langage informatique (puisque les très délicates opérations qui ont mené à la naissance de Dolly auraient été impossibles sans l'aide d'ordinateurs), imitation parfaite, simulacre littéral, concrétisation de notre peur de la métamorphose. Voilà pourquoi *Robocop* et le soldat contemporain sont similaires[3]. Voilà pourquoi la mère accouchant de septuplés ou la reine *Alien* donnant naissance à ses insectes apparaissent à un an d'intervalle[4]. Ces monstres sont les tumeurs de notre imaginaire[5].

Un des films les plus intéressants à ce niveau est *Signes*, réalisé par M. Night Shyamalan.

Dans une petite ville idyllique du Midwest, un fermier d'une cinquantaine d'années, qui s'avère aussi être pasteur, cultive son immense champ de blé avec l'aide de son jeune frère, ex-joueur de base-ball. L'un et l'autre s'occupent aussi des deux jeunes enfants du pasteur, un garçon et une fille, dont la mère est morte dans un accident d'auto (tuée par un chauffard dont le rôle est joué par le réalisateur du film). Cette mort, d'une rare cruauté, entraîne le fermier à délaisser sa foi.

Le film débute par le bouleversement du mythe familial : les enfants tuent les chiens car ceux-ci les ont attaqués. Puis le champ de blé, symbole d'un monde cohérent, prévisible et contrôlable, est littéralement défloré par l'apparition de cercles étranges *(crop circles)*. Ces cercles, soudain présents un peu partout dans le monde, semblent annoncer la venue de « quelque chose ». Cela se confirme quand des extraterrestres débarquent. Certains extraterrestres s'attaquent à la famille du fermier. L'un d'eux va même jusqu'à kidnapper son fils. Mais celui-ci est secouru par son oncle qui abat le monstre à coups de bâton de base-ball. L'invasion extraterrestre finit par échouer car le simple contact de l'eau leur est néfaste.

Pourquoi parler de ce film dont l'intrigue est, somme toute, relativement classique ? Car il concrétise parfaitement ce dont je parlais un peu plus tôt. Les monstres de ce film ne sont pas des extraterrestres, mais bien, littéralement, l'incertitude, les glissements, les métamorphoses de notre société. Ces monstres représentent l'horizon d'événements qui se rapproche ; ils évoquent la singularité, cette peur de l'omniprésence des technologies. Ces monstres sont à la fois l'amplification (ils sont humanoïdes) et l'interférence (ils ne cherchent pas le contact avec les humains et ne désirent que leur destruction) qu'est la condition inhumaine. Car d'où émergent-ils ? De l'abandon de la foi, de la trahison (les chiens attaquent les enfants), de la perte d'innocence (le jeune frère a échoué dans sa tentative de devenir joueur professionnel), du glissement des valeurs (la jeune préposée à la pharmacie blasphème devant le fermier qu'elle croit encore pasteur) et surtout de la destruction de la cellule familiale (la mort de la mère dans un accident d'auto). C'est par la perte des valeurs que l'invasion est possible, qu'elle s'étend.

Qui plus est, l'auto qui, dans le film, frappe et tue la mère, est conduite par ce personnage d'origine indienne *qui s'avère être le réalisateur du film* (M. Night Shyamalan). Ce détail n'est pas anodin. Car cette confusion entre le personnage (l'étranger) et le réalisateur ouvre la porte à un sous-texte intéressant : c'est cet étranger/réalisateur, symbole à la fois de l'immigration et de Hollywood, *qui déclenche l'invasion*, puisque l'accident qu'il provoque entraîne en même temps la mort de la mère (la Mère) et la perte de la foi chez le père (le Père), desquelles l'invasion semble se nourrir. Il est d'ailleurs intéressant de noter que ce personnage s'enfuit quelques instants avant la bataille finale. Cette fuite, à la fois celle de l'étranger dans le film et de Hollywood dans la représentation de celui-ci, garantit le retour de la tradition et la victoire finale des humains.

Les extraterrestres de ce film ne sont pas de simples monstres mais sont plutôt une représentation des médias, leur présence, tant imaginée que réelle, se voyant constamment assurée, relayée, cristallisée par la télévision. Ainsi, c'est par l'entremise de la télé que nous voyons la présence simultanée de cercles dans le monde entier, c'est par la télé que nous entrevoyons les monstres la première fois (lors d'une fête d'enfants), c'est lorsque la télé ne diffuse plus que les monstres attaquent[6], c'est dans le reflet de l'écran éteint que le monstre apparaît dans la maison du fermier, c'est encore et toujours dans le reflet de la télévision débranchée (au pied de laquelle traînent des cassettes vidéo) que nous voyons le monstre agonisant. Les monstres de ce film ne sont pas des extraterrestres ; ils sont le changement, l'incertitude, la perte de référents de notre société ; ils sont l'omniprésence des médias, la transformation qu'opèrent les technologies sur notre compréhension du monde, l'impossibilité de croire en la réalité biologique.

Et comment sont vaincus les monstres ? Par la biologie (l'eau et le bois du bâton de base-ball. Notons que derrière les verres d'eau qui servent à tuer le monstre, une série de livres sont clairement visibles. Si le monstre est identifié à la télévision, l'humanité et sa survie, elles, sont clairement associées non seulement au bois et à l'eau mais aussi à la culture écrite), par la famille (le jeune frère abat le monstre en se remémorant les dernières paroles de sa belle-sœur), par la tradition (l'arme utilisée contre les monstres est un bâton de base-ball) et par le retour de la foi (le film se conclut alors que le fermier enfile son uniforme de pasteur).

Les monstres sont vaincus par les valeurs ancestrales, littéralement par la réalité biologique. *Signes* est un film fascinant car il concrétise le malaise social actuel (d'où son titre). Il est le « signe » de la présence de la condition inhumaine, le « signe » de notre inquiétude, le « signe » de notre peur du changement, de notre volonté de réaction.

N'est-ce pas aussi, en quelque sorte, le propos de *La Guerre des mondes*, tant le livre que les deux films ? Car que sont les extraterrestres de *La Guerre des mondes*, sinon d'immenses machines industrielles qui pourchassent et détruisent l'humain, dont le but est la disparition complète de toute vie[7] (à un point tel que les champs en sont inondés de sang) ? Les monstres de *La Guerre des mondes* ne sont pas des extraterrestres mais bien l'industrialisation, l'omniprésence de la technologie, la perte du monde naturel. Est-ce surprenant, dès lors, que l'œuvre originale date de la révolution industrielle et que le remake de Steven Spielberg sorte au moment même où la condition inhumaine se fait omniprésente[8] ?

Mais la science-fiction contemporaine est plus que la présence du monstrueux. Elle est aussi le reflet de notre incapacité à nous définir, de notre impuissance à accepter que le corps humain nous glisse littéralement entre les doigts (il fond, mute, se métamorphose, devient une forme liquide, pénétrable, contaminable, à la fois corps à éliminer, à resculpter, à manipuler et giron à envahir) et de notre impuissance à admettre que nous ne sommes plus capables de séparer l'illusion de la réalité, que nous ne savons même pas si réalité il y a. Bref, la science-fiction nous oblige à examiner notre impuissance à retenir le monde de la réalité biologique, ce monde newtonien par lequel nous nous étions définis, qui fuit de tous bords et de tous côtés. Nous sommes en périphérie de l'horizon d'événements, nous dit la science-fiction, et nous en subissons maintenant les forces gravitationnelles.

La science-fiction contemporaine est la littérature de la fin du monde, mais une fin qui n'est pas celle d'une catastrophe nucléaire, environnementale ou spatiale. Non, la catastrophe dont nous parle la science-fiction est celle de la singularité : nous voici projetés dans un futur proche où l'humanité ne pourra plus se distinguer de ses machines, de ses technologies et des niveaux de réel produits par ces technologies. Nous voici plongés dans un monde où les machines et les technologies façonnent notre ontologie, sculptent notre intelligence, modèlent notre conscience, un monde où même l'inconnu, le mystérieux et le mystique sont filtrés, encodés, décodés par la machine. Dans la science-fiction contemporaine, *la présence même du monde est dépendante des technologies*.

Nombreuses sont ainsi les œuvres de science-fiction contemporaines qui prétendent que la complexité de l'univers informatique n'est pas le produit d'une volonté humaine, qu'elle n'est pas le fait d'une simple accumulation de commandes et de programmes, mais qu'elle répond à une volonté divine. Dans la technologie, nous dit la science-fiction contemporaine, se cache la possibilité d'un nouveau divin, un divin mathématique, scientifique, algorithmique, un divin à la fois enfant de l'humain (puisqu'il est le résultat d'opérations humaines) et père de celui-ci (puisque le monde dans lequel vit maintenant l'humain n'est possible que par la technologie). Pour la science-fiction contemporaine, ce n'est pas dans le langage humain, et dans ses représentations, que se cache et se dévoile le divin, mais bien dans le langage « pur » des mathématiques et de l'informatique. « *The ghost in the machine* » est à prendre ici littéralement (notons que *ghost* en anglais désigne à la fois le fantôme et le Saint-Esprit).

Pourquoi cette représentation du divin dans la machine, cette recherche de spiritualité dans la technologie ? Parce que nous avons peur de la progression technologique, de la vitesse à laquelle celle-ci opère, parce que l'omniprésence et l'omnipotence des machines nous confondent, nous terrifient. Nous utilisons les technologies mais toujours avec inquiétude car leur ascendant sur la société humaine et sur l'écosystème en général nous semble croître beaucoup trop rapidement. En insérant dans la technologie la possibilité d'un divin, d'un spirituel, d'une volonté, nous cherchons à nous rassurer. Si la technologie atteint une forme de conscience, si elle est la matérialisation d'une pureté langagière naturelle (celle des mathématiques), si elle nous permet d'avoir accès aux mystères de l'univers et d'y chercher une réponse, si sa complexité cautionne une volonté qui dépasse l'humain, alors peut-être son impact est-il positif, peut-être sa présence est-elle le signe d'une transformation naturelle, l'expression d'un progrès [9].

Nous voici, dit la science-fiction contemporaine, pris dans un monde dont la poussée technologique est gorgée de tant de transformations que notre place n'y est pas assurée (du moins pas sous la forme que nous possédons aujourd'hui). Nous voici happés par un tourbillon de métamorphoses. Si un tel état peut être porteur de créativité, de renouveau, d'espoir, il peut également mener au cauchemar. Si la science-fiction nous suggère la progression et l'évolution du monde, et nous assure qu'une spiritualité y sera présente, elle ne peut cependant nous promettre dans quel état nous serons conscients de ce monde, sous quelle condition nous y vivrons, pour qui la spiritualité résonnera. La science-fiction contemporaine nous propose d'innombrables scénarios, d'infinies probabilités. Lesquels se réaliseront ?

Celui de notre incapacité à comprendre l'histoire, le temps, la tradition ? Celui de notre désir de vivre au rythme des machines [10], dans leur fébrilité, dans leur accumulation démesurée de données ? Celui de vivre sans mémoire ?

Car qu'est-ce que notre mémoire aujourd'hui, conservée, archivée, protégée par des technologies ? Sommes-nous encore la somme mémorielle de nos expériences si les bases de données en sont les gardiennes ? Si la sélection, le classement et l'archivage de nos souvenirs dépendent de l'ordre technologique ? Si l'histoire humaine doit se plier aux nomenclatures machiniques ? L'humain peut-il se révéler sans une chronologie qui lui est propre ? Ce sont ces questions que nombre d'œuvres de science-fiction examinent avec soin.

Dans le film *Blade Runner* par exemple, Deckard (le personnage joué par Harrison Ford) se doit d'éliminer un groupe de cyborgs dangereux (les réplicants), car physiquement identiques aux humains mais incapables d'éprouver quelque empathie que ce soit. En surface, le film ressemble à une œuvre de science-fiction classique ; néanmoins, la clé de son intrigue est plus intéressante qu'elle n'y paraît au premier abord. Car les réplicants résonnent des dilemmes auxquels la condition inhumaine nous soumet. Les réplicants, dont les facultés cognitives sont aussi avancées que leur espérance de vie est courte (deux ans), œuvrent, comme nous, à découvrir leur essence et peinent à comprendre leur origine. « Naissant » adultes, leur mémoire est illusion, mensonge, chimère puisque implantée artificiellement à l'étape de la production. Comme nous, ils s'interrogent donc sur leur présence, sur la nature de leurs racines ; comme nous, ils posent la question de la réalité lorsqu'elle est filtrée, manipulée, engendrée par des technologies. Qui plus est, les modèles avancés de réplicants ne savent même pas que les souvenirs qu'ils chérissent sont faux. Ces machines se pensent humaines, se croient vivantes, vivaces, capables de questionnement. D'où le renversement du film lorsque le détective Deckard finit par questionner sa propre condition. Est-il réel, humain, organique ? Ou cyborg, réplicant, machine ? Comment pourrait-il le savoir, le confirmer, l'infirmer ? Rien, dans son comportement, ne le distingue d'un réplicant. Il piste, chasse et tue sans attendrissement, sans émotion, sans empathie. Certes, il possède traces et souvenirs, mais combien d'entre eux sont réels ? Plus troublant encore, les réplicants que Deckard doit éliminer semblent de plus en plus humains : ils tombent amoureux, ont peur, se mettent en colère, se cachent, finissent même par éprouver de la pitié ; entre cyborgs et humains, entre souvenirs et leurres, entre mémoire et appâts, comprend alors Deckard, les frontières sont de moins en moins visibles.

Ainsi, le spectateur est interpellé. Comment juger de la véracité d'un souvenir ? De sa légitimité, de sa vérité ? Comment mesurer la réalité d'une trace, l'authenticité d'une photo, d'une comptine, d'un objet ? Comment savoir si les faits retenus par la mémoire sont réels ? Comment attester de son humanité ? Se différencier de machines dont la mémoire, l'intelligence et l'autonomie troublent les périmètres qui nous en démarquent ?

N'est-ce pas, en quelque sorte, ce que nous ressentons tous, aujourd'hui, pris dans le tourbillon des technologies et des médias, pris dans le cycle de l'accroissement technologique où l'archivage est si facile, si accessible que nous nous déchargeons de toute activité mémorielle ? N'est-ce pas, en quelque sorte, ce que nous éprouvons lorsque les souvenirs qui nous forment, qui nous guident, ces bouées au milieu de l'existence et de sa fébrilité, gîtent dans des disques durs et des bases de données ? Qu'en est-il de l'humanité lorsque la mémoire des individus réside dans une structure commune, globale, accessible à tous ? Que peut-on dire de l'humain, comment peut-on le circonscrire, le définir si son cerveau n'archive plus ses propres souvenirs ? Si ceux-ci n'existent que sous forme numérique, filtrée, manipulée, conservée par et dans le langage machine ? La mémoire, cette dynamique neurologique si fondamentale à la cadence de l'humanité [11] se voit, comme c'est le cas dans *Blade Runner*, complètement transformée, scrutée, remise en question par la présence technologique. Nous ne parlons plus d'elle dans l'espace et le temps du corps mais bien dans ceux de l'intelligence collective, de l'enchevêtrement humains/outils-mèmes. Qui suis-je, si les souvenirs, images, sensations que je chéris ont été produits par les photos, les témoignages, les images des autres ? Que suis-je, si la façon dont je ressens l'humanité est fondée sur des souvenirs empruntés ? En quoi suis-je alors différent de Deckard ? En quoi suis-je distinct de ce personnage qui n'arrive pas à circonscrire son humanité, son passé, ses souvenirs, qui ne peut dire si ce monde de souvenirs qui le forment est le sien ou celui d'un autre, de plusieurs autres ?

Un film tel *Dark City* pose les mêmes questions. L'intrigue de cette œuvre est simple : une ville insolite, continuellement plongée dans l'obscurité, est victime d'une série de meurtres singuliers. Dans ce film étrange, les personnages éprouvent énormément de difficultés à créer une narration cohérente de ce qu'ils sont, de ce qu'ils ont fait. Ce n'est qu'à la fin que nous apprenons que cette ville est sous le contrôle d'extraterrestres. Ces derniers, à leur gré, insèrent, retirent et échangent mémoires et souvenirs d'un personnage à l'autre.

Dark City reflète, lui aussi, ce malaise que nous ressentons. Là aussi, la question de la mémoire, de son individualité, de sa clarté est remise en question. Qu'est-ce que la mémoire, nous demande ce film ? Une série de mèmes, d'idées-virus, d'« objets » que l'on peut saisir, déplacer, réarranger ? La mémoire est-elle ce phénomène unique qui n'appartient qu'à l'individu et à ses expériences ? Ou est-elle cette matière souple et fluide que l'on ne possède que de façon éphémère et qui se déplace d'homme à homme, de femme à femme ? Qu'est-ce que la mémoire ? Et pourquoi tant d'œuvres posent-elles ces questions, se penchent-elles sur ce phénomène ?

La Jetée de Chris Marker, court métrage de 1962, est peut-être, étonnamment, en mesure de nous répondre.

Car ce film pose la question de la relation entre mémoire et inhumanité. L'histoire que raconte *La Jetée* n'est pas celle d'un homme qui perd ses souvenirs mais celle de la mémoire qui s'exile. Après la troisième guerre mondiale, nous dit ce film, les survivants habitent des souterrains où des scientifiques (qui parlent allemand) soumettent les prisonniers à des expériences proches de la torture. Ces expériences cherchent à faire pénétrer (littéralement) les prisonniers dans le passé (puis dans le futur) afin d'y trouver une solution à l'extinction qui menace l'humanité. Le personnage principal, qui n'est jamais nommé, plonge ainsi dans des (ses) souvenirs, y voit un Paris d'avant-guerre, y rencontre une femme, se promène avec elle, l'accompagne au musée et finit par tomber amoureux (bien que cela ne soit jamais clairement mentionné). Le film se termine lorsque le personnage principal, définitivement plongé dans un (son) passé, se fait abattre, sur la jetée, par un espion de son temps alors qu'il était à la recherche de la femme de ses souvenirs.

Que nous dit ce film et pourquoi en parler ? *La Jetée* pose la question fondamentale de la représentation après la Seconde Guerre mondiale. Que peut-on représenter après l'image des camps ? Peut-on encore animer les images (le film est un photomontage), leur faire porter le poids de la réalité, du réalisme, de la cruauté[12] ? Que peut-on dire, que peut-on montrer de l'humain après l'horreur des camps ? *La Jetée* affirme que la violence des camps a transformé l'humanité. Nous sommes maintenant inhumains. Voilà pourquoi le film pose la question du souvenir, voilà pourquoi la mémoire y est impossible. Je ne peux me prétendre intelligent et conscient si je ne peux me rappeler les mots que j'ai prononcés, les gestes que j'ai posés, les erreurs que j'ai commises. Mais le contraire est aussi vrai : dans l'inhumanité, je ne peux me souvenir. La seule chose qui reste aux hommes est la transcription des événements, tâche accomplie par les machines. Certes, les personnages de *La Jetée* peuvent toujours plonger dans l'enregistrement de souvenirs, mais toute existence émotive leur y est dorénavant interdite (d'où la mort du personnage principal). Depuis la guerre, les voici essentiellement amnésiques car inhumains.

La Jetée nous propose donc une piste de réflexion intéressante : nous nous délestons de nos souvenirs, les offrant à l'archivage des machines, car nous plongeons dans la condition inhumaine. Ce que *La Jetée*, *Blade Runner*, *Dark City* nous proposent est l'impossibilité du souvenir, non pas simplement en raison de la présence des machines et de leur soif mnémotechnique, mais bien aussi parce que nous sortons de l'humanité. Le souvenir et la mémoire, tels que nous les percevons, tels que nous les avons utilisés depuis deux cents millénaires, correspondent à notre identité organique, à notre appartenance à la réalité biologique, à notre présence dans la sphère naturelle. Nous glissons aujourd'hui dans la condition inhumaine et perdons progressivement les liens qui nous ancraient à notre humanité. Les souvenirs forment une partie importante de ces liens.

Et ainsi, comme le personnage principal de *La Jetée*, comme Deckard qui comprend, à la fin de *Blade*

Runner, que les cyborgs ont plus d'humanité que lui[13], comme les personnages instables et amnésiques de *Dark City*, nous voici face à une société, un monde, un univers que nous ne pouvons lire, que nous n'arrivons pas à déchiffrer, avec lequel nous tentons de communiquer mais en sommes incapables puisque nous perdons, au fur et à mesure de notre progression dans cet univers, les bases de notre entendement, de notre humanité. Nous pénétrons ce nouvel univers sans souvenir de notre condition antérieure et sans possibilité d'y faire référence, car, enchevêtrés aux technologies, devenus inhumains, nous ne pouvons plus nous remémorer notre condition humaine préalable.

Nous voici maintenant face à un monde dense de réels mais vide de réalités humaines. C'est d'ailleurs ce que nous dit aussi la science-fiction contemporaine qui ne fait pas que questionner la réalité, mais la pose *comme produit de l'imaginaire machine*. Voilà le thème de la trilogie *Matrix*, celui de *The Truman Show*, celui de *The Thirteenth Floor*, celui de *Dark City*. Sous la réalité, nous dit cette science-fiction, se cache une menace pour notre existence, pour notre essence, pour ce que nous percevons comme le fondement de notre humanité. Des forces étranges et malveillantes s'y camouflent. Et c'est dans la réalité biologique, nous dit la science-fiction, que germent les racines de notre disparition ; c'est parce que nous nous attachons à elle, que nous croyons en elle, vivons dans et par elle, que nous sommes labourés, sarclés, exploités par les technologies. La réalité biologique, nous dit la science-fiction contemporaine, cette réalité du corps et des sens, est un leurre créé par les machines.

Cette inquiétude, ce malaise, nous les retrouvons non seulement dans la science-fiction mais aussi dans la culture contemporaine du complot, culture qui, étrangement, traverse à la fois les genres artistiques et les croyances idéologiques, en particulier depuis quelques années. Certes, la série télévisée *X-Files* (du milieu des années 1990) propulsera cette culture à l'avant-plan. Mais cette série n'en est que la manifestation la plus connue. La théorie du complot a une longue histoire en Occident et en particulier aux États-Unis. De l'assassinat de Kennedy jusqu'aux innombrables rumeurs au sujet du 11 Septembre (complot israélien, destruction du Pentagone par un missile lancé de l'intérieur même des États-Unis, cabale de l'extrême droite américaine, etc.), en passant par les apparitions d'OVNI, la théorie du complot n'est plus aujourd'hui une culture parallèle mais s'est immiscée dans l'imaginaire collectif occidental. Il est maintenant possible d'en retrouver des manifestations non seulement au cinéma (*Matrix*, *X-Files*, *Gattaca*, *Complots*, *The Arrival*, *JFK*, etc.) et en politique (assassinat de Milošević, élection de George Bush, mort d'Arafat, etc.), mais aussi dans l'imaginaire social (le sida inventé par la CIA pour se débarrasser des Afro-Américains par exemple).

La culture du complot fonctionne en fait grâce à deux mécanismes : le premier est la part de vérité de certaines de ces hypothèses. Ainsi, de nombreuses récriminations de militaires américains après la guerre du Vietnam se sont révélées exactes. Plusieurs d'entre eux avaient véritablement été empoisonnés par l'utilisation illégale et secrète de produits chimiques. Qui plus est, nous savons aujourd'hui que des expériences clandestines utilisant la radioactivité avaient été menées, pendant la guerre froide, sur des soldats et ce sans leur consentement. Comment passer aussi sous silence les expériences d'Ewen Cameron, expériences commanditées par la CIA, au Montreal General Hospital, où divers patients furent soumis, là aussi sans leur consentement, à des doses de LSD ?

Le second mécanisme est celui de la matérialisation. La culture du complot, comme la représentation du monstre, permet de rendre concrètes, visibles, perceptibles et surtout compréhensibles les innombrables dynamiques d'un monde dont la complexité ne cesse d'augmenter. La culture du complot absorbe et restreint la complexité d'une situation en la réduisant à quelques objectifs clairs. De plus, elle agit comme une charpente sur laquelle se posent les inquiétudes contemporaines. Sur et par la culture du complot, l'incertitude, la peur de l'avenir, la disparition du corps, le glissement sans fin de la réalité biologique acquièrent non seulement une forme, mais aussi, et surtout, des objectifs, des raisons d'être, des buts. Par la culture du complot, les transformations contemporaines deviennent les signes avant-coureurs d'une guerre larvée qu'entreprend le pouvoir contre les citoyens ordinaires (parfaitement représentée par la série *Matrix*), plutôt qu'une série de transformations sans but et sans raison.

Car que représente la culture du complot ? Cette idée que des forces sous-jacentes contrôlent non pas simplement la vérité mais aussi, et surtout, la réalité ; que des forces occultes et malveillantes manipulent à ce point le réel que les preuves mêmes de sa cohérence doivent être remises en question. N'est-ce pas ce que proposent les théories sur les cercles de blé et sur les enlèvements extraterrestres par exemple [14] ? Ainsi, peu importe qu'il s'agisse ici de fantasmes éveillés, de traumatismes latents, de problèmes physiologiques ou de complications du sommeil, ce phénomène est de plus en plus répandu (96 % des Américains auraient entendu parler des OVNI alors que 46 % croient qu'ils existent réellement. De plus, 20 % ont affirmé avoir déjà été enlevés par des extraterrestres. Mais plus étonnant encore, les études n'ont montré aucun lien entre ces croyances et la classe socio-économique ou le niveau d'éducation [15]). Pourquoi ? Parce qu'il permet de cristalliser le malaise que nous ressentons face à la réalité, face à sa perte de légitimité. La culture du complot est une réaction à l'intrusion de l'imaginaire dans la réalité ; réactionnaire, elle tente, par tous les moyens, d'imposer aux transformations, changements, incertitudes et mouvances contemporaines, des dynamiques narratives classiques (telle la relation entre l'exploiteur et l'exploité).

Étonnamment, cette culture du complot s'étend aussi à nos corps. Par la perte de nos référents biologiques, nous avons l'impression de vivre la trahison de notre corps. Maladies auto-immunes, cellules se reproduisant trop vite et étouffant les organes, bactéries refusant brusquement la symbiose avec l'organisme et intoxiquant le sang, molécules détruisant le cerveau, virus latent se déclenchant soudainement ; obésité, tabac, alcool, drogues diverses, surmenage, nous ne comprenons plus notre corps. Celui-ci possède sa propre dynamique, souvent occulte, et le chemin qu'il parcourt semble fréquemment n'être que le sien. Certes, la dichotomie entre corps et esprit est aussi vieille que l'humanité, mais la sensation profonde non pas simplement de trahison et de perte de contrôle mais bien de faux, de contrefait, de simulacre est plus forte que jamais. La réalité biologique de notre corps nous semble inutile, irréelle, elle nous paraît n'avoir aucun impact sur la santé et la durabilité de celui-ci. Ce qui contrôle ce corps, ce qui le défend, le protège est au-delà de notre perception ; la réalité du corps est celle que nous ne pouvons comprendre, influencer, contrôler par les sens. Le corps existe, vit, se défend ou se trahit par-delà notre entendement. En lui, se lovent des dynamiques, des collectivités, des êtres vivants qui obéissent à leurs propres lois, à leurs propres objectifs, qui l'utilisent selon leurs besoins. Et nous ne pouvons ni voir, ni influencer, ni aider ou combattre ces dynamiques. Notre corps est un spectacle.

Et c'est aussi ce que la science-fiction contemporaine a perçu : parasites extraterrestres, virus divers, ADN étranger, gestation baroque, plusieurs œuvres exploitent la thématique du corps devenu un giron de vie non humaine. Nombreux sont les films et les livres dans lesquels le corps humain, homme ou femme, est utilisé comme un utérus immense où des vies nouvelles, extraterrestres, mi-horreurs, mi-prodiges prennent forme. « Morceau de viande » (ainsi que le suggéraient les premiers écrits cyberpunks), le corps, dans de nombreux films de science-fiction (les séries *Alien* et *Matrix*, *The Thing*, plusieurs films de David Cronenberg), n'est plus qu'un gisement dont se nourrit une vie nouvelle. Le voilà muté, à la fois matrice infectieuse et utérus parasité, objet que nous ne pouvons contrôler, que nous ne pouvons comprendre, dont les objectifs nous sont inconnus. Le voici nous trahissant, offrant ses ressources et énergies à une vie autre qui le détruit. Le voici devenu inhumain.

Qui dit corps, dit aussi genre et différenciation des sexes. Mais comment distinguer entre hommes et femmes si le corps glisse hors de tout contrôle, hors de tout entendement, s'il n'est autre chose qu'une collectivité d'êtres vivants et de dynamiques, s'il devient incompréhensible ? Comment différencier hommes et femmes alors que les fondements mêmes de cette différenciation (la façon de se reproduire, la gestation, la capacité d'enfanter) perdent toute spécificité, sont constamment remis en question, transformés, manipulés ? Comment différencier hommes et femmes si la reproduction disparaît ? Pourquoi différencier hommes et femmes alors que cette raison d'être n'est plus, si machines et technologies font de la différence sexuelle un décor, une façade, une représentation ? Pourquoi différencier les genres si la réalité technologique nous a clairement démontré que l'écart entre ceux-ci est beaucoup plus ténu que nous le pensions et que tant l'homme que la femme possèdent des traces de l'autre en lui, en elle ? La technologie nous force à redéfinir ce que nous entendons par genre ; elle questionne leur nécessité. De là, la confusion (ou la redéfinition) des rôles sexuels.

De là, aussi, la lecture qu'en fait la science-fiction. Dans la majorité des œuvres contemporaines, la différence entre personnages masculins et féminins est de plus en plus réduite (si les corps et les caractères féminins deviennent masculins, phénomène que nous pouvons observer depuis le premier film *Alien* [1979], le contraire est aussi vrai). Tant les personnages de Linda Hamilton (Sarah O'Connor) et de Robert Patrick (T-1000) dans *Terminator 2* que celui de Keanu Reeves (Neo) et de Carrie-Anne Moss (Trinity) dans *Matrix*, sont clairement androgynes, à tel point que leur sexualité en est presque effacée (il est intéressant de noter que Neo acquiert cette androgynie lorsqu'il devient conscient de la manipulation qu'opèrent les machines sur son monde). Dans nombre de ces œuvres, tant l'homme que la femme peuvent d'ailleurs servir d'utérus et savent que si gestation il y a, elle ne sera humaine qu'en dehors du corps [16] ; ils savent que la gestation dans le corps humain (mâle ou femelle) ne pourra être que parasitaire, destructive et monstrueuse. Au-delà, par-delà notre sexualité, nous donnons de plus en plus naissance à des monstres, nous dit la science-fiction contemporaine, résonnant ainsi des angoisses que produisent les innombrables transformations, métamorphoses et ambiguïtés de la reproduction assistée. Sextuplés, enfant à trois parents génétiques, chimères, femme accouchant à plus de soixante ans, la reproduction assistée fait abstraction de la biologie, des genres et de l'accouplement et produit des êtres par-delà les limites des sexes et des âges, des êtres nés de la matrice technologique et introduits dans le corps humain par les « mains » et les « organes » des machines.

La reproduction assistée répond, en fait, au projet de Donna Haraway, cette féministe et sociologue américaine dont l'essai, *A Cyborg Manifesto* (1991), proposait la figure de ce même cyborg pour dépasser les limites, contradictions et répressions des genres. Le cyborg, nous disait-elle, permet d'oublier la faute originelle ; en lui il n'y a ni histoire, ni culpabilité. La reproduction assistée nous permet d'entrevoir la réalisation de ce projet. Nous donnons naissance à des enfants qui dépassent de plus en plus les limites de la réalité biologique (et des sexes), qui, par leur naissance même, imposent cette réalité technologique (puisqu'ils en sont le produit), des enfants qui perturbent si profondément les mécanismes de la reproduction qu'ils remettent en question toute idée de filiation, d'histoire génétique, de généalogie. Par la reproduction assistée, nous donnons vie à des enfants qui cristallisent l'impossibilité de la condition humaine, des enfants à la fois amplifications et interférences, des enfants en qui se déploie l'enchevêtrement humain/machine. Les enfants qui naissent de la reproduction assistée sont littéralement le produit d'une matrice technologique.

Sommes-nous si loin de *Matrix*, le film des frères Wachowski ? Ce qui nous paraissait clairement fictif, imaginaire, fantasmatique il n'y a pas si longtemps est maintenant souvent dépassé par la réalité, par les mondes baroques, insolites, effrayants que nous proposent les lectures sans fin de la réalité technologique.

Êtres sans souvenirs se métamorphosant sans cesse, se fondant dans l'infiniment petit et à l'infiniment grand, à la fois insectes et animaux, individus et collectivités, machines et humains, sans sexe et tout sexe à la fois, se reproduisant avec et par des technologies, donnant naissance à une progéniture impossible, nous sommes inhumains.

Conclusion

LA MACHINE QUI PALPITE

> Je crois qu'une importante partie de la perception du divin que nous aurons sera nourrie par notre faculté à agir comme des dieux. En cherchant à créer la vie, à créer des intelligences et même à créer des univers, nous allons comprendre ce que veut dire être des dieux. Cela nous forcera à devenir des théologiens.
>
> *Kevin Kelly* [1]

Que signifie être abandonné aujourd'hui ? Être seul ? Être amoureux ? Que signifie avoir peur de la mort ? La sienne, celle de l'espèce, celle de la planète ? Que signifie être heureux, malheureux ? Que signifie être aliéné ? Pour Marx, la clé de l'aliénation était la relation que le travailleur avait (ou n'avait pas) avec le produit de son travail. Aujourd'hui, plusieurs d'entre nous se sentent aliénés. Et pourtant jamais nous n'avons autant vécu du produit de notre labeur, jamais cette relation n'a été aussi vigoureuse, jamais elle n'a pris autant de place dans nos vies [2]. Si une grande partie de notre existence est toujours dédiée à nourrir le système économique, une autre est maintenant consacrée à la création de relations cognitives, sensibles, artistiques. Des jeux vidéo aux philosophies religieuses, sociales ou culturelles, plusieurs d'entre nous consacrent non plus simplement une partie de leur vie à ces expériences, mais structurent leur existence autour de celles-ci. Nous « travaillons » de plus en plus pour nous-mêmes, nous pouvons, de plus en plus, modifier le cours et la qualité de notre existence, choisir les structures, directions et modes de vie qui nous plaisent [3]. Alors que veut dire être aliéné aujourd'hui ? Que veut dire être humain, faire de l'art, appartenir à la société ? L'écosystème humain n'a jamais été aussi complexe, étonnant, étrange ; il n'a jamais produit autant de connaissances, fait preuve d'autant d'intelligence, été aussi lettré. Alors que se passe-t-il ?

La condition inhumaine nous propose l'impossibilité de ne croire, de ne voir et de n'accepter que la dimension organique de l'existence, elle nous suggère l'impossibilité de l'individu intelligent, autonome et conscient, elle nous force à accepter que seuls un courant, une circulation, un passage entre l'organique et l'inorganique, entre la réalité biologique et les myriades d'autres réalités permettent d'entrevoir, du coin de l'œil, cette dynamique étrange qu'est l'humain contemporain. En ce début de XXIe siècle, l'homme et la femme sont des êtres à la fois organiques, machiniques, mémétiques et collectifs. Ils n'existent que multipliés. *Ils ne sont logiques que multipliés* : dans les technologies, les médias, les sexualités ; dans les cellules, les virus, les bactéries ; dans les réalités biologique, technologique, atomique, quantique. L'humain doit être compris comme intégrant en lui ce qu'il croyait extérieur, étranger à son corps : la machine, l'outil, des colonies d'êtres vivants. Nous nous sentons aliénés car nous cherchons toujours fiévreusement le sens dans la simple réalité biologique, alors que le sens est multiplié dans les dynamiques qui nous forment, nous sculptent, nous influencent et nous définissent. Alors que le sens se love dans l'insensé.

L'aliénation que nous ressentons aujourd'hui, le mal-être qui semble être le lot d'une majorité de citoyens, prend racine dans le fait qu'il n'y a plus de condition humaine, que l'idée même de cette condition s'efface et disparaît à chaque nouvelle découverte scientifique, à chaque amélioration informatique, à chaque transformation socio-économique. Nous nous croyons humains de façon si absolue et si tangible que nous en faisons un dogme avec lequel nous traversons les géographies, les cultures, les langues et les croyances. L'humanité est la plus profonde et la plus fondamentale plaque tectonique de notre entendement. Elle est là avant celle des religions, de la politique, des guerres et des mythes. Elle est là avant celle de l'amour et de la haine. Elle est là, à la fois comme une artère et comme une racine, cœur et poumons de notre façon de comprendre, de percevoir, de rendre cohérent le monde qui nous entoure. Nous sommes humains dans le regard de l'absolu, dans la façon dont l'absolu nous observe, nous parle, nous guide. Nous sommes humains dans notre relation à l'unique, au mystérieux, au spirituel. Nous sommes humains dans notre relation à la nature, à l'écosystème. Nous sommes faits à l'image de l'absolu. Voilà ce en quoi nous croyons profondément.

Mais qu'arrive-t-il quand l'idée même d'humanité disparaît, quand celle d'un absolu qui nous regarde, nous éclaire, nous secourt est impossible ? Que se passe-t-il quand l'ultime se retrouve dans nos mains, glaise sacrée que nous pouvons soudainement manipuler ? Qu'advient-il de l'homme quand il acquiert la faculté de sculpter l'omnipotent et l'incommensurable ? Quand il comprend que l'absolu n'est pas un regard, un observateur, mais un enchevêtrement de réalités, de dynamiques, d'amplifications et d'interférences ? Quand il se rend compte que les bactéries qui peuplent son estomac, les machines qui gèrent son monde, les technologies qui enserrent sa planète ruissellent, elles aussi, de mystères ?

Que sommes-nous si l'absolu est en nous, en nos machines, en nos technologies ? Voilà d'où viennent notre angoisse, notre malaise. Nous sommes conscients de ce schisme entre notre foi en l'humanité et les données de la connaissance, entre notre réalité biologique et les strates infinies du réel, entre notre conception de l'intelligent et les propositions des sciences cognitives, entre nos certitudes sur l'essence du vivant et les simulations de la vie artificielle. Nous sommes conscients de l'impossibilité de croire en nos mains, nos bras, nos jambes, nos yeux ; en l'impossibilité de croire en cette frontière qu'est notre peau. Nous sommes conscients de la multiplication des miracles que propose la science contemporaine, de la possibilité de repousser la mort, d'extraire la vie de l'agonie, de comprendre l'incommensurable, de jouer dans le jardin de Dieu qu'elle nous offre. Nous sommes conscients de tout cela, mais nous ne savons pas comment y réagir. Nous comprenons que seul le sens procure à l'humain une identité, que seul le sens nous permet de voir et comprendre l'univers, que seul le sens peut nous donner vie et espoir. Mais nous sommes aussi conscients de vivre maintenant dans l'insensé.

Peut-être la réponse est-elle justement dans cet insensé ? Peut-être n'est-elle pas dans le schisme entre les universaux de la société humaine et les propositions paradoxales et aléatoires de la condition inhumaine, mais dans leur enchevêtrement ? Ce sens nouveau que nous cherchons sans fin, cette raison d'être dont nous avons si soif, cette intention, ce dessein sans lesquels nous ne pouvons vivre, émergent peut-être de ce même enchevêtrement. *Le sens serait aujourd'hui inséparable de l'insensé*, non pas simplement au niveau sémantique ou intellectuel, mais bien aussi dans la matérialité de l'existence, dans son réel, dans sa présence immédiate. Il serait maintenant nécessaire d'accepter l'insensé, cet insensé qui, de plus en plus, nous étonne, nous surprend, nous émerveille et nous effraie, et de comprendre que le sens de notre vie, de notre espèce, de notre condition n'est possible que par la pénétration en lui de l'insensé (au lieu de son rejet). Il ne faut donc pas se servir de l'insensé comme d'une frontière qui sert à délimiter les phénomènes qui nous entourent et nous construisent, mais bien comme d'une source qui permet la présence de ces phénomènes.

La condition inhumaine est la réalisation de cet état.

Faut-il s'inquiéter ? Faut-il craindre ces changements qui cheminent vers nous aussi inexorablement que la marée ? Revenons quelques instants à la théorie du chaos. Ce que cette discipline nous a appris est la résilience, l'adaptabilité et la non-prévisibilité des systèmes. Qu'il s'agisse de circulation automobile, d'économie ou d'environnement, la théorie du chaos nous a prouvé que les systèmes s'ajustent, trouvent des issues, empruntent des voies étonnantes. Certes, nous avançons dans un monde qui nous force à changer, tant physiquement que cognitivement, un monde qui opère de profondes restructurations de l'écosystème, qui dresse de nouvelles entités et de singulières écologies. Mais nous nous adapterons à ces changements, comme s'y adaptera le royaume du vivant, car les transformations qui agissent sur et dans le monde contemporain ne sont pas inédites, nouvelles ou exclusives à ce siècle : l'essence de cette planète est la dynamique précaire, et toujours menacée, entre ordre et désordre, son principe fondateur est l'adaptabilité aux changements, parfois violents, parfois destructeurs, qui l'ont marquée depuis des milliards d'années. Rien ne progresse de façon linéaire, ni la dynamique de l'ordre ni celle du désordre, ni la dynamique du vivant ni celle de son extinction.

Nous craignons la montée des machines, leur présence grandissante ; nous craignons d'être submergés par celles-ci, d'être écrasés par leur présence ; nous avons peur de les voir broyer le monde naturel. Nous oublions cependant que les machines font partie du tissu planétaire et ce, depuis des centaines de milliers d'années. Nous oublions que les animaux, bien avant l'apparition de l'homme, les utilisaient. Mais surtout nous oublions que l'homme n'existe que par le langage et que le langage est machine. Nous oublions que l'homme, ainsi, est l'incarnation de l'artificiel, du technologique. Voilà l'insensé dans lequel nous vivons. Nous sommes des êtres organiques qui propageons, par leur présence, la condition inhumaine, la technologie, l'artificiel.

Mais est-ce si grave ? Non, car la condition inhumaine est aussi celle de l'émerveillement.

Les machines ne font pas que transformer notre monde, elles enrichissent aussi notre univers. Par les machines, nous pouvons explorer, *au-delà de notre biologie*, la violence du vivant, l'éclat du cosmos, l'arc-en-ciel des galaxies. Les machines permettent de sillonner, au-delà de l'entendement physiologique, la mosaïque souple, fuyante et éthérée qu'est la vie. Par la machine, le mystère, le mystique et le sensible deviennent des réalités, des phénomènes concrets, maintenant mesurables (même si cela est un paradoxe). Par les lectures que les machines nous offrent du monde, le réel n'est plus simplement une dynamique logique et causale qui répond à ce que nos cerveaux conçoivent et comprennent, mais se transforme en une fresque immense et riche, infinie de beautés, brodée de prodiges et de splendeurs. Grâce aux machines, nous voyons l'univers vibrer, nous découvrons que ses dimensions sont multiples, que les trous noirs avalent le temps et l'espace, que le réel se cristallise par le regard de l'observateur, que l'individu est une myriade d'êtres vivants, que les espèces sont enchevêtrées les unes aux autres, que vivre est tout autant un accident qu'une parfaite complexité. Par les machines, le réel devient perpétuel, orné d'incompréhensible ; par les machines, il s'enfle de merveilles.

Nous vivions dans une réalité biologique limitée. Nous avons pénétré, aujourd'hui, grâce aux machines, dans une réalité sans fin. Par la réalité technologique, nous pouvons poser notre regard, nos questions, nos explorations au-delà de l'univers organique, par-delà le réel biologique.

Bref, la machine, contrairement à ce que nous avons tendance à croire, illumine l'univers en nous le rendant à la fois plus lisible (puisqu'elle peut y détecter et y lire la complexité des phénomènes et des lois qui le tissent) et plus mystérieux (puisqu'elle en fait un catalyseur inexplicable de beautés). La machine transforme l'univers qui nous entoure en un texte poétique, métaphorique, à la fois lisible et incohérent, qui s'étend au-delà de la réalité biologique. Par la machine, l'univers n'est plus simplement un espace/temps ; il devient une œuvre éthérée et lyrique.

Ainsi, que nous réservent les années qui viennent ? La singularité, la disparition de l'humain, l'émergence du fantastique dans la vie quotidienne ? Qui sait ? Une chose est certaine : les redéfinitions de ce que nous sommes seront nombreuses, les routes que nous emprunterons pour nous redécouvrir seront multiples. Mais nous finirons par aboutir quelque part, munis d'une nouvelle idée de nous-mêmes, nantis d'un nouveau regard sur ce que nous devenons, d'une nouvelle compréhension sur comment nous le devenons. La condition inhumaine est une mue.

Voici, en guise de conclusion, ma proposition : nous sommes cette entité étrange, insensée, faite de gènes et de mèmes, de collectivités et d'ego, appareil autant que conscience, humaine autant que machine, animale autant qu'informations. Nous sommes cet instrument doué d'émerveillement, d'ivresse et de colère. Nous sommes ce mécanisme si complexe, si dense, si intense qu'il bâtit des cathédrales, qu'il tombe amoureux, qu'il se dévoue à la beauté ; nous sommes cette machine si extraordinaire, si imprévisible, si passionnée qu'elle peut marcher pendant des jours, dans la soif et la faim, dans la peur et la souffrance, dans le dénuement et l'espérance, afin de pouvoir s'agenouiller doucement, lever lentement ses yeux vers la montagne, écouter le silence et implorer. Nous sommes la machine qui palpite.

NOTES

Les traductions de textes anglais sont d'Alexandre Béland-Bernard et Valérie Cools.

Introduction

1. Pensons à Stelarc, Orlan, Dantec, Houellebecq, et à l'écrivain américain William Gibson, inventeur du terme « cyberespace ».
2. La liste, bien sûr, est longue. Nommons, à titre d'exemple, le Canadien Hervé Fischer, le Français Ignacio Ramonet et les Américains Katherine Hayles, Joel Garreau et Bill Joy.
3. Les premiers outils apparaissent deux millions d'années avant l'*Homo sapiens*. Voir Osvath, Mathias et Gärdenfors, Peter, « Quand les hommes inventèrent l'avenir », *Les Grands Dossiers des sciences humaines*, n° 1, « L'Origine des cultures », décembre 2005/janvier-février 2006, p. 58.

La machine qui enfante

1. http://www.petitmonde.com/iDoc/Article.asp ?id=28380.
2. 98 % ! Voir http://www.petitmonde.com/iDoc/Article.asp ?id=25226.

3. *The Economist*, « If This Is a Man », 20 décembre 2005, p. 8. Étonnamment, les études les plus récentes montrent aussi que le cerveau du premier *Homo sapiens* était plus grand que celui de l'homme moderne, 1 650 cm^3 pour les premiers *sapiens* contre 1 350 cm^3 pour l'homme actuel. Voir http://www.hominides.com/html/ancetres/ancetres-homo-sapiens.html.
4. C'est exactement ce que suggère l'éthologue Richard Dawkins dans *Qu'est-ce que l'évolution ? Le fleuve de la vie*, Paris, Hachette, 2005 (1996 et 1997 pour la version française), p. 150. Commentant la chute d'un autobus d'écoliers dans un ravin et les réactions de colère et de désespoir dont la presse fait écho, il propose ceci : « [S]i l'Univers n'était fait que d'électrons et de gènes égoïstes, des tragédies aussi absurdes que l'accident de ce bus sont précisément ce à quoi l'on devrait s'attendre, de même qu'à des cadeaux absurdes du hasard. Un tel Univers n'aurait ni mauvaises ni bonnes intentions. Il ne manifesterait aucune intention d'aucune sorte. Dans un Univers où les acteurs sont des forces physiques aveugles et la réplication génétique, certains vont souffrir, d'autres auront de la chance, et il n'y aura ni rime ni raison à cela, ni aucune justice. L'Univers que nous observons a exactement les propriétés auxquelles on peut s'attendre s'il n'y a, à l'origine, ni plan, ni finalité, ni mal, ni bien, rien que de l'indifférence aveugle et sans pitié. »
5. Le bug de l'an 2000 allait-il déclencher une si terrible catastrophe informatique qu'elle emporterait avec elle la civilisation humaine ? Les machines allaient-elles s'adapter à cette erreur, somme toute mineure, des premières programmations, ou allaient-elles s'écrouler, détruisant ainsi une immense partie de la civilisation humaine ? Pendant une journée entière, nous avons attendu que les machines et les technologies décident de notre sort, de

notre avenir. Notre civilisation ne nous appartenait plus. Rien n'a changé depuis ce jour et pourtant rares sont ceux qui ont tiré des conclusions de cet événement.

6. « Déjà, des êtres artificiellement renforcés se promènent parmi nous. Plus la compétition est acharnée, plus le phénomène est visible. Le domaine des sports en est un bon exemple. "L'angoisse actuelle liée au dopage", dit John Hoberman, de l'université du Texas, spécialiste des substances dopantes, "constitue une sorte de référendum très confus sur l'avenir du perfectionnement de l'être humain." » (Garreau, Joel, *Radical Evolution*, New York, Doubleday, 2005, p. 5.)
7. http://www.theatlantic.com/doc/prem/200012/madness.
8. Entretien avec William Gibson dans le documentaire *No Maps for These Territories* (2000), réalisé par Mark Neale.
9. Comme le fait la thérapie génique par exemple, en utilisant un virus pour introduire un nouveau gène dans une cellule endommagée.

Les réalités biologique et technologique

1. Et de certains marsupiaux, rongeurs et même d'une espèce de chauve-souris. Voir http://users.rcn.com/jkimball.ma.ultranet/BiologyPages/C/CompoundEye.html.
2. Robbins, Michael W., « Our Genes May Prove It : We Are Family », *Discover, the Year in Science*, vol. 25, n° 1, janvier 2004, p. 56.
3. Peut-être est-ce aussi le cas des sciences ? Les lectures que nous faisons sur les phénomènes scientifiques seraient-elles, elles aussi, déterminées par la réalité biologique ? « Si nos cerveaux (et les pensées qu'ils produisent) sont apparus uniquement à cause de leur capacité à générer non pas la Vérité, mais des comportements liés à la

survie, comment pouvons-nous être sûrs qu'ils nous transmettent la vérité quant à des questions telles que la sélection naturelle, par exemple ? » (Barrett, Justin L., « Lettre à l'éditeur en réponse à l'article "Is God an Accident ?" », *The Atlantic Monthly*, mars 2006, p. 18.)

4. Wilson, Edward O., *L'Unicité du savoir*, traduit de l'américain par C. Winter, Paris, Robert Laffont, p. 127.
5. Une niche « désigne l'ensemble des transformations systématiques que des organismes font subir à leur environnement » (Osvath, Mathias et Gärdenfors, Peter, *op. cit.*, p. 58).
6. « Il est désormais clairement attesté que nombre d'espèces d'oiseaux ou de mammifères peuvent apprendre, mémoriser, catégoriser, résoudre des problèmes, forger des représentations mentales et même résoudre des problèmes de calcul élémentaire ! On sait également que les chimpanzés ou les dauphins développent des formes de conscience de soi et possèdent des formes de "cultures" qu'ils se transmettent d'une génération à l'autre. Enfin, en trente ans d'expériences d'enseignement du langage à des gorilles, des chimpanzés et des bonobos, il est apparu que la frontière linguistique et symbolique entre les animaux et les hommes était moins nette qu'il n'y paraissait. » (Dortier, Jean-François, « Aux origines de la pensée », *Les Grands Dossiers des sciences humaines*, n° 1, « L'Origine des cultures », décembre 2005/janvier-février 2006, p. 35.)
7. Selon Jean-François Dortier, la pensée symbolique précède le langage. L'humain, nous dit-il, est doté de la faculté de se forger des « images mentales », des « représentations détachées », des « idées » (*op. cit.*, p. 35). Cette habileté « à évoquer mentalement des objets absents est la condition d'expression à la fois du langage, des techniques, de l'art, des cultures symboliques ».

Ainsi, le langage ne serait pas le « facteur déterminant de l'émergence des cultures humaines » mais serait plutôt « une propriété dérivée de l'aptitude à produire des images mentales ». Le langage ne serait donc pas apparu en même temps que la pensée symbolique et représentationnelle mais serait plutôt « un support qui sert à véhiculer des pensées *qui le précèdent* (nous soulignons) » [*op. cit.*, p. 35-36].

8. Et dans le cerveau de son congénère. C'est d'ailleurs ce que l'on appelle la théorie de l'esprit, née, semble-t-il, de la nécessité de vivre en groupe et de naviguer au travers d'un nombre toujours plus important de rivalités, d'alliances et de trahisons. La vie de groupe, en forçant les individus à appréhender de façon de plus en plus sensible et complexe les réactions de leurs congénères, développe la capacité d'empathie et de sympathie et engendre ainsi d'étonnants comportements tels que la manipulation, le mensonge (qu'Andrew Whiten et Richard Byrne nomment « intelligence machiavélique », voir *The Economist*, *op. cit.*, p. 8) et l'argumentation qui seront à la base du développement de l'intelligence humaine.

Mais si la vie en groupe avantage la manipulation et le mensonge, elle permet aussi l'éclosion de la collaboration, de la division du travail et du commerce. Mais ce développement n'est possible que par l'entremise de nombreuses et intenses interactions entre les membres du groupe. Selon Robin Dunbar, cette interaction, à l'origine celle de l'épouillage, se transforme progressivement en langage. Le langage serait donc un genre d'épouillage développé et multiplié (puisque parler permet d'« épouiller » plusieurs personnes à la fois. Le langage permet aussi l'épouillage de groupe à groupe) qui permettrait la complexification de la théorie de l'esprit (par le langage, un nombre grandissant de partenaires tentent de comprendre, souvent simultanément, ce qui se passe dans la tête d'un nombre toujours plus grand de leurs congénères). Conséquemment, nous dit Dunbar, plus la taille des groupes augmente, plus le langage se développe (*The Economist*, *op. cit.*, p. 7-9).

Steven Johnson, quant à lui, voit dans la théorie de l'esprit le développement non seulement du langage et de la capacité à manipuler mais bien aussi de l'intelligence humaine : « Parmi les singes, nous sommes une anomalie à cet égard : seuls les chimpanzés partagent notre mode social compulsif de fréquentation mixte. [...] Cette complexité sociale exige des capacités mentales phénoménales : au lieu de ruser contre un seul prédateur, ou de s'occuper d'un seul nourrisson, les êtres humains suivent mentalement le comportement de douzaines d'individus, et modifient leur propre comportement en fonction de ces informations. Certains psychologues évolutionnistes sont d'avis que l'extraordinaire augmentation de la taille du cerveau entre *Homo habilis* et *Homo sapiens* (la masse cérébrale a triplé au cours des deux millions d'années qui séparent les deux espèces) a été provoquée, du moins en partie, par une course aux armements entre les extravertis de l'ère pléistocène. Si le fait de transmettre ses gènes à une autre génération dépendait d'une intelligence sociale nuancée qui devait rivaliser avec d'autres intellects sociaux pour parvenir à la reproduction, il n'est pas difficile d'imaginer que la sélection naturelle ait pu générer une boîte à outils mentale machiavélique en un temps étonnamment court. » (Johnson Steven, *Emergence : the Connected Lives of Ants, Brains, Cities, and Software*, New York, Scribner, 2001, p. 202.)

9. En utilisant ce que Marc Hauser et Tecumseh Fitch nomment la récursivité (la récursivité est l'utilisation de structures telles que « si... alors »). La récursivité permet

d'emboîter des phrases les unes aux autres et ouvre la porte à la complexification du langage et de la pensée (car la récursivité, ainsi que le souligne Katherine Hayles, permet la régression infinie de la pensée). Selon Noam Chomsky, il s'agit là de la caractéristique principale qui différencie les langages animal et humain. (Bricka, Jean-Philippe, « Une grammaire innée ? », in *Du langage aux langues*, hors-série n° 227, *Science & vie*, juin/août 2004, p. 22-29.)

10. À un point tel que Steven Pinker définit le langage humain non pas comme un phénomène extérieur à l'homme mais bien comme un instinct (Pinker, Steven, « Language is a Human Instinct », in *The Third Culture*, edited by John Brockman, New York, Simon & Schuster, 1996, p. 225.)
11. Pour Boris Cyrulnik, parler « c'est éteindre. Lorsqu'on met en lumière un morceau de monde, on éteint tout ce que l'on n'a pas mis en lumière. [...] C'est donc éteindre tout ce qui est autour et que l'on s'arrange, grâce à la parole, pour ne pas percevoir. » (Cyrulnik, Boris, « Parler, c'est créer un morceau de monde », entretien accordé à *Science & Vie*, hors-série, n° 227, juin 2004, p. 13.)
12. C'est d'ailleurs l'hypothèse de Bernard Victorri, du CNRS, pour qui la narration est la stratégie utilisée par les humains afin de s'assurer d'un minimum d'ordre dans un groupe donné. Pour Victorri, la narration enseigne les interdits, les crimes, les fautes, elle raconte ce qui doit être fait pour préserver l'unité du groupe : « Lors de ces crises, les anciens de la tribu éprouvent le besoin de raconter que des crises analogues se sont déjà produites et que c'est mauvais pour les hommes, qu'il ne faut pas les vivre, qu'il faut imposer la loi pour pouvoir continuer à se reproduire. Or en racontant une histoire sur le mode de “ça s'est passé, ça pourrait se reproduire et il ne faut

pas que ça se reproduise", on a toute la complexité des langues, les modalités du passé et du futur, etc. La grammaire s'explique ainsi très bien par la narration. » (Denigot, Gwen-Haël, « L'origine des langues », in *Du langage aux langues*, hors-série n° 227, *Sciences & vie*, *op. cit.*, p. 134.)

13. Philips, Helen, « Everyday Fairytales », *New Scientist*, 7-13 octobre 2006, p. 36.

14. Ou même à l'inventer, des études récentes ayant démontré que le cerveau humain possède une tendance innée à la fabulation. Pourquoi ? Afin d'expliquer des phénomènes incompréhensibles, telles ces expériences qui démontrent que l'impulsion nerveuse qui guide le mouvement d'un doigt est plus rapide que la décision consciente de bouger ce même doigt. Incapables d'accepter ce fait, nous créons des histoires qui nous permettent de croire en la rationalité de nos décisions. Voir, à ce sujet, *Brain Fiction*, publié chez MIT Press (cité par Philips, Helen, « Everyday Fairytales », art. cité, p. 36.)

15. « La croissance trop rapide, qui devance ce que Courchesne appelle "la voie de l'expérience", risque de produire tant de "bruit neural [que] l'enfant pourrait perdre la capacité de comprendre le monde qui l'entoure et se replierait alors sur lui-même". » (Robbins, Michael W., « Autism Linked to Excessive Brain Growth », *Discover, The Year in Science*, vol. 25, n°1, janvier 2004, p. 40)

16. Klinkenborg, Verlyn, « What Do Animals Think ? », *Discover*, vol. 26, n° 5, mai 2005, p. 46-52.

17. Et ainsi, la réalité technologique opère, en quelque sorte, comme le mythe. Comme celui-ci, elle permet de rendre l'illisible lisible. Mais attention, alors que le mythe impose une narration au monde et aux événements qui entourent l'humain (« À travers les mythes [...], le Monde n'est plus une masse opaque d'objets arbitrairement jetés ensemble, mais un cosmos vivant, articulé et significatif.

En dernière analyse, le Monde se révèle en tant que langage. » Voir Eliade, Mircea, *Aspects du mythe*, Paris, Gallimard, 2002 (1963), p. 177), la réalité technologique, elle, impose une façon de lire ce monde. Le mythe offre une histoire dans laquelle se glissent les événements incompréhensibles, alors que la science, l'art, la philosophie suggèrent une manière de lire ces événements. Le mythe commence par la narration, la science commence par la lecture.

18. Il est important de mentionner que Darwin est le représentant le plus connu d'une lignée de penseurs (Alfred Russel Wallace, Erasmus Darwin, Adam Smith, Thomas Malthus et Jean-Baptiste Lamarck entre autres) qui, tous, d'une façon ou l'autre, avaient perçu, sans les nommer, des bribes de ce qui deviendra la théorie de l'évolution. D'ailleurs, Wallace est aujourd'hui considéré comme le cocréateur de cette théorie. (Frenay, Robert, *Pulse, The Coming of Age of Systems and Machines Inspired by Living Things*, New York, Farrar, Straus and Giroux, 2006, p. 14.)

19. Selon Logan, le langage émerge alors que l'hominidé se retrouve face à un surplus d'informations impossible à gérer par ses sens et ses perceptions. Dans le chaos qui s'ensuit, une nouvelle façon de percevoir, recevoir et analyser l'information fait surface : le langage. Par celui-ci, l'hominidé se voit alors doté d'un outil qui lui permet de conceptualiser le monde et de l'ordonner au-delà de ses simples perceptions (de ses simples « classements » perceptifs). Selon Logan, le langage marque ce moment où l'*Homo sapiens* saute d'une pensée perceptuelle à une pensée conceptuelle. Toujours selon lui, l'apparition du langage et celle de la pensée conceptuelle se font en même temps et sont causées par les turbulences du chaos informationnel auquel sont soumis les humains.

Selon Ray Kurzweil, les systèmes informationnels (biologiques ou technologiques) subissent une constante poussée vers la complexification. Cette poussée force les systèmes à croître de façon exponentielle (leur complexité doublant à mesure que le temps entre chaque multiplication diminue de moitié). Mais tout système finit par atteindre son point de complexification maximal. Qu'arrive-t-il alors ? Le système saute vers un état différent, état que Kurzweil nomme le changement paradigmatique. C'est de ce phénomène que parle Logan. (Kurzweil, Ray, *The Singularity Is Near : When Humans Transcend Biology*, New York, Viking, 2005, p. 72.)

20. http://www.turing.org.uk/turing.
21. Voir note 19, p. 237.
22. Selon Margulis, la présence bactériologique est même visible dans le système nerveux ; les axones et les dendrites, qui sont des prolongements du neurone, n'étant autre chose, suggère-t-elle, que des formes avancées *(latter-day)* de spirochètes. (Barlow, Connie, *From Gaia to Selfish Genes, Selected Writings in the Life Sciences*, Cambridge/Londres, MIT Press, 1992, p. 55.)
23. Gill, Steven R., « The Institute for Genomic Research », cité dans *Harper's Magazine*, vol. 313, nº 1876, septembre 2006, p. 13.
24. Pour Boris Cyrulnik, « la notion biologique d'individu est relative : elle désigne l'organisme que l'on ne peut diviser ; mais tout individu est un être "poreux" ». (« Parler, c'est créer un morceau de monde », art. cité, p. 6.)
25. Kelly, Kevin, *Out of Control. The Rise of Neo-Biological Civilization*, Massachusetts, Addison-Wesley Publishing Company, Readings, 1994, p. 346.
26. Wilson, Edward O., *L'Unicité du savoir*, *op. cit.*, p. 157.
27. Voir note 14, p. 236.
28. Même la cosmologie fait cette erreur, bien illustrée par le fantasme de la théorie générale unifiée, cette théorie

qui permettrait, en joignant la physique quantique à la relativité, de pouvoir appliquer une structure de lecture et de compréhension générale sur l'univers. Même si cette théorie est, un jour, créée, elle ne permettra autre chose que de plonger encore plus loin dans la texture de l'univers et d'y découvrir d'autres dynamiques qui remettront en question les constructions du savoir scientifique actuel.

29. Ainsworth, Claire, « The Stranger within », *New Scientist*, 15-21 novembre 2003, p. 37.

30. *Ibid.*

31. « Le cerveau global microbien – doté de moyens de transports longue distance, d'un échange de données, de variations génétiques d'où extraire de nouveaux secrets et de la capacité de réinventer des génomes – lança ces opérations environ 91 milliards de générations bactériennes avant la naissance d'Internet. Les anciennes bactéries, si elles fonctionnaient comme celles d'aujourd'hui, avaient maîtrisé l'art de l'échange mondial d'informations. Elles troquaient des fragments de matériel génétique comme les êtres humains échangent des programmes informatiques. Ce système de bavardage moléculaire permettait aux micro-organismes de télégraphier une amélioration depuis les mers de l'Australie actuelle vers les eaux peu profondes qui recouvraient le Midwest de l'Amérique du Nord actuelle. La nature et la vitesse de communication étaient certainement très intenses. Les premiers micro-organismes auraient utilisé les courants de vent et d'eau traversant la planète pour transporter les bribes de code génétique et télégraphiaient ainsi leurs derniers conseils sur la marche à suivre et les nouvelles de leurs grandes découvertes générales. Trois milliards d'années avant Jésus-Christ, au moins onze espèces bactériennes différentes échangeaient apparemment des secrets

commerciaux. » (Bloom, Howard, *Le Principe de Lucifer*, t. 2 : *Le Cerveau global*, traduit par Aude Flouriot et Carole Hennebault, Paris, Le jardin des Livres, 2003 [2000], p. 32.)

32. Henig, Robin Marantz, *A Dancing Matrix*, New York, Vintage Books, 1994, p. 76-77.

33. Voir p. 64.

34. « Car bien que nous ne considérions pas que les virus informatiques soient vivants, ces derniers possèdent la plupart des qualifications susmentionnées (voir page 64). Ce sont des modèles qui se reproduisent ; ils comportent une copie de leur propre représentation ; ils reproduisent des cycles informatiques quasi métaboliques (ceux des UC, Unités Centrales) ; ils peuvent mourir ; et ils peuvent évoluer. On pourrait dire que les virus informatiques constituent les premiers exemples de vie artificielle émergente. » (Kelly, Kevin, *Out of Control. The Rise of Neo-Biological Civilization*, *op. cit.*, p. 346.)
« Les virus informatiques constituent un argument irréfutable en faveur de l'existence de différents degrés de vie *(aliveness)*, du moins dans la mesure où les virus biologiques sont vivants. Les observateurs se retrouvent obligés d'utiliser une sorte de variation du test de Vaucanson, dont il faut reconnaître qu'il est subjectif. La chose a-t-elle la même apparence, le même cri, la même odeur qu'un canard ? Les virus informatiques échouent à ce test uniquement parce que personne n'a encore mis au point une espèce capable d'une évolution réellement infinie (bien que certains virus évoluent de manière plus limitée). Mais ce développement est prévu (et redouté) dans un futur proche. Ainsi, les virus informatiques se tiennent à la limite de la vie – et la franchiront bientôt. » (Levy, Steven, *Artificial Life*, New York, Vintage Books, Random House, 1992, p. 330.)

35. Un virus trop virulent tue son hôte, et meurt avec lui, avant que celui-ci n'ait eu le temps de le propager.
36. À l'Institute for Complex Adaptative Matter (Californie) par exemple, des chercheurs examinent ce que David Pines, physicien au laboratoire national de Los Alamos, appelle « l'échelle mésoscopique » c'est-à-dire « le domaine de matière situé juste en dessous du seuil de la vie. Dans cet univers, les équations prévisibles de la physique atomique pénètrent le domaine plus complexe de l'auto-organisation et des processus dynamiques qui ne se prêtent pas à une simple mesure ou description. » (Frenay, Robert, *Pulse*, *op. cit.*, p. 125.)
37. Marcus, Mitchell. P., « Computer Science and Jewish Mysticism », in *Science and Spiritual Quest, New Essays by Leading Scientists*, Londres/New York, Routledge, 2002, p. 110 et 113.
38. « [...] la sélection sexuelle ne fournit pas une explication satisfaisante pour des activités déroutantes telles que la peinture, la sculpture, le chant et la danse. À première vue, toutes ces occupations apparaissent comme un gaspillage d'énergie. Toutes, cependant, par l'entremise de réalisations qui se remarquent facilement et sont difficiles à simuler, permettent de démontrer une supériorité physique et mentale, – en fait, elles reproduisent exactement les propriétés qui caractérisent les traits sexuellement sélectionnés. » (*The Economist*, art. cité, p. 9.)
39. Selon Richard Florida, auteur de *The Rise of the Creative Class*, la loi de Zipf « témoigne des structures d'ordre supérieur sur lesquelles les êtres humains, et donc les sociétés, s'alignent inconsciemment » (Rauch, Jonathan, « Seeing Around Corners », *The Atlantic Monthly*, avril 2002, p. 40 et 42). Voir aussi à l'adresse suivante : http://www.jewishworldreview.com/jonathan/rauch050802.asp.

40. « Je ne pense pas être le seul à être troublé par ce génocide artificiel. Bien sûr, le dénouement donne le frisson ; mais il est presque plus effrayant que des scénarios sociaux aussi compliqués – et bien connus de surcroît – puissent être reproduits par de simples paquets de données, qui ne font que suivre quelques règles presque ridiculement élémentaires. » (Rauch, Jonathan, « Seeing Around Corners », art. cité, p. 42.)

41. « Le modèle de Schelling sous-entendait que même la société la plus simple peut entraîner des résultats qui sont *à la fois ordonnés et involontaires : des résultats qui ne sont nullement accidentels, mais aussi nullement délibérés* (nous soulignons). Lorsqu'il y a ségrégation non préméditée, l'interaction des choix individuels constitue un système complexe dont les résultats collectifs n'ont plus rien à voir avec les intentions de l'individu... » (*ibid.*, p. 37.)

42. Une nouvelle science s'est d'ailleurs développée sur ce sujet. Appelée neurothéologie, elle étudie les « mécanismes cognitifs qui régissent la croyance en Dieu » (Revoy, Nicolas, Bourdial, Isabelle, « Pourquoi Dieu ne disparaîtra jamais », *Science & vie*, n° 1055, août 2005, p. 48). Ainsi, « au cœur de la propension à la foi, il y aurait... la sérotonine, une substance qui, dans le cerveau, transmet l'information d'un neurone à l'autre [...] et dont on sait qu'elle est déjà impliquée dans les sensations de faim, de soif et de sommeil. » (*ibid.*, p. 48-49.)

43. Comme l'ont prouvé les recherches de l'universitaire canadien Michael Persinger. Voir Hitt, Jack, « This Is Your Brain on God », *Wired*, 7 novembre 1999.

44. Certes, comme je l'ai mentionné plus tôt, de nombreuses observations, en physique quantique plus particulièrement, nous proposent la possibilité de l'intentionnalité à certains niveaux de réalité. Mais ces niveaux sont difficilement accessibles et compréhensibles. De plus, bien que

la physique quantique suggère que l'observateur soit responsable, en quelque sorte, de l'univers tel que nous le voyons (puisque son observation permet à l'univers de choisir un état plutôt qu'un autre), cela n'est toujours qu'une hypothèse qui pourrait s'avérer n'être qu'une lecture erronée des caractéristiques de cette physique. De plus, ces observations sur l'intentionnalité ne sont possibles que par la réalité technologique, c'est-à-dire par une observation et une analyse machiniques du monde.

45. Kurzweil, Ray, *The Age of Spiritual Machines*, New York, Penguin Books, 1999, p. 162-163.

Page
Sashay down the page
through the liones
nestled in my soul.

Imagine Now And Sing
Imagine now and sing,
creating myths
forming jewels from the falling snow.

Soul
You broke my soul
the juice of eternity,
the spirit of my lips.

46. Taylor, Richard P. et Martin, Ted P., « Order in Pollock's Chaos », *Scientific American*, décembre 2002, p. 116-121.

47. Voir Gladwell, Malcolm, « The Formula. What if You Build a Machine to Predict Hit Movies ? », *The New Yorker*, 16 octobre 2006, p. 138-149.

48. L'universitaire américaine Katherine Hayles parle, elle, de dénaturation. Pour Hayles, cette dénaturation porte l'humain vers le posthumain, c'est-à-dire vers une perception du monde si différente de ce à quoi la réalité biologique nous a habitués que se crée alors un genre de schizophrénie de l'existence : « Lorsque les composants essentiels de l'expérience humaine sont dénaturés, ils ne sont pas uniquement révélés comme étant des constructions. Le sujet humain qui se tient comme la source présumée de l'expérience est aussi déconstruit, puis reconstruit d'une manière qui modifie fondamentalement ce que signifie être humain. Le postmoderne anticipe et sous-entend le posthumain. [...] Vivre le postmodernisme, c'est vivre comme le font, paraît-il, les schizophrènes, c'est-à-dire dans un monde de moments présents décousus, qui se bousculent mais ne forment jamais une progression continue (encore moins une progression logique). » (Hayles, N. Katherine, *Chaos Bound. Orderly Disorder in Contemporary Literature and Science*, Ithaca/Londres, Cornell University Press, 1990, p. 266, 276, 282.)
49. N'est-ce pas là tout le propos de la série de films *Matrix* ?
50. Bloom, Paul, « Is God an Accident ? », *The Atlantic Monthly*, décembre 2005, p. 105-112.
51. « Autrement dit, dans le passage – statique ou évolutif – non additif, non linéaire des parties au tout, il y a *apparition de propriétés* qui ne sont nullement *précontenues* dans les parties et ne peuvent donc s'expliquer par elles. Tout se passe comme si se produisait une *génération spontanée* de propriétés du tout, alors même qu'on veut le penser comme n'étant rien d'autre que le tout de ses parties : c'est, au sens fort du mot, le *paradoxe* de l'émergence. » (Guespin-Michel, Janine et Ripoll, Camille, « La

dialectique de l'émergence », in *L'Énigme de l'émergence*, hors-série, *Sciences et avenir*, n° 143, juillet-août 2005, p. 8.)
« Qu'ont en commun tous ces systèmes ? Pour le dire simplement, ils résolvent des problèmes en utilisant des masses d'éléments relativement stupides, plutôt qu'un seul "organe décisionnel" intelligent. Ce sont des systèmes à la démarche ascendante, plutôt que descendante. Ils puisent leur intelligence d'en bas. [...] Les fourmis créent des colonies ; les citadins créent des quartiers ; de simples logiciels de reconnaissance des formes apprennent à recommander de nouveaux livres. Le passage des règles de bas niveau à une complexité de plus haut niveau est ce que nous appelons l'émergence. » (Johnson, Steven, *Emergence*, *op. cit.*, p. 18.)
Notons de plus qu'il est impossible de « toucher » l'émergence, de la circonscrire, de déterminer précisément ce qui la rend possible car les propriétés qui lui permettent de se manifester disparaissent *dès que le système est disséqué* (Frenay, Robert, *Pulse*, *op. cit.*, p. 26).

52. Tout ce qui est perceptible, vivant ou vivace, que ce soit à l'œil nu ou par la réalité technologique, est le résultat d'une éruption d'ordre éphémère. Planètes, étoiles, êtres vivants, virus, cellules, peu importe, chaque manifestation est, à la base, une matière qui s'est ordonnée. La dégénérescence et le déclin sont, quant à eux, l'apparition graduelle de désordre. Nous distinguons et voulons distinguer entre les espèces, phénomènes et choses, car l'ordre n'étant toujours qu'éphémère et ayant constamment besoin d'être nourri, la seule façon pour un être vivant de survivre est de s'emparer rapidement de l'énergie et de l'ordre d'autres entités. L'évolution nous a donc appris à distinguer clairement les catégories d'ordres entre elles.

53. « Aujourd'hui [...] l'homme [...] sait qu'il peut jouer un rôle dans le déclenchement des pathologies puisque

nombre de maladies – cancers et maladies cardio-vasculaires notamment – dépendent du tabac et de l'alcool, de l'alimentation et de l'exercice physique. Devenu en quelque sorte médecin de lui-même, il choisit ou refuse la mort précoce et la santé ». (Aubert, Nicole, « Que sommes-nous devenus ? », *Sciences humaines*, n° 154, dossier « l'individu hypermoderne », novembre 2004, p. 37.)

54. Dont Henry Jenkins, Espen Aarseth, T. L. Taylor, Jesper Juul, James Gee, Douglas Thomas, Mizuko Ito, Tanya Kryzowska, Dan Hunter, Eric Nickel, Edward Castranova, Tim Burke, Janet Murray, Constance Steinkuhler, Mark Wolf, Bernard Perron et Bart Simon.

55. « Toute la question de l'image, depuis la nuit des temps, est hantée par cette obsession : y pénétrer, y marcher, afin de pouvoir fantasmatiquement et réellement la hanter de son propre corps. Le cinéma a caressé ce rêve et l'a figuré. [...] Le jeu vidéo banalise cette marche du spectateur dans l'image puisqu'elle devient son principe de réalité, le moteur ordinaire de son avancée. » (Tesson, Charles, « Des souris et des hommes, le héros et son spectateur », *Cahiers du cinéma*, hors-série spécial jeux vidéo, septembre 2002, p. 27.)

56. Cet exemple n'est pas proposé au hasard, car si les effets numériques au cinéma précèdent la production de ce film, leur impact sur l'imaginaire peut être clairement associé à la sortie du film de James Cameron. Jamais, avant *Terminator 2*, les effets spéciaux n'avaient été aussi parfaitement fusionnés à la pellicule, jamais n'avaient-ils été si parfaitement indétectables. Ce film marque l'apparition de toute une culture de la fusion et du chevauchement, tant au niveau narratif (puisque le T-1000 ne cesse de se métamorphoser) que visuel (puisque les effets spéciaux numériques oblitèrent toute distinction entre le réel,

l'image cinématographique, et l'impossible, l'image numérique).

57. http://www.pbs.org/wgbh/nova/elegant/dimensions.html.

58. Il est intéressant de noter ici que l'instabilité des universaux s'applique aussi, étrangement, à la science moderne (qui est pourtant à l'origine de cette instabilité), en particulier en ce qui concerne la théorie des cordes. Créée dans le but de permettre à la physique quantique et à la théorie générale de la relativité de converger (la relativité s'appliquant au macrocosme et la physique quantique au microcosme, la convergence des deux en une théorie cohérente s'avère extrêmement problématique), la théorie des cordes a connu un succès scientifique inespéré. Des milliers d'articles scientifiques ont été écrits sur le sujet et la majorité des professeurs en physique des particules y adhèrent. Mais personne ne sait s'il s'agit là d'une théorie qui décrit un ou des phénomènes réels (Holt, Jim, « Unstrung », *The New Yorker*, 2 octobre 2006, p. 86). Car la théorie des cordes, en proposant un univers fait de dix (ou neuf) dimensions, propose aussi un univers dont la souplesse permet l'apparition de presque toute théorie (les données les plus récentes suggèrent qu'il existe un nombre infini de théorie des cordes). Cette “souplesse” empêche toute contre-vérification (ce que Karl Popper nomme la falsification), contre-vérification qui est pourtant à la base de la méthodologie scientifique. Bref, la théorie des cordes propose une lecture et une méthodologie scientifiques instables et infinies de l'univers (*ibid.*, p. 89).

Malaises et conséquences de la condition inhumaine

1. Selon Stewart Guthrie, de l'université Fordham, nous cherchons si violemment des signes de conscience, de but, d'intelligence que nous finissons par imposer une

raison à des phénomènes purement accidentels (Bloom, Howard, *Le Principe de Lucifer*, *op. cit.*, p. 105-112). Peter Vajk, quant à lui, propose la présence dans le cerveau d'un mécanisme de déduction *(inference engine)* qui, face à une information qui lui semble incomplète ou incompréhensible, chercherait à créer des liens, des raisons, des explications aux phénomènes qu'il rencontre (Vajk, Peter, *The Nascent Science of Ideas and their Transmission, An Essay Presented to the Outlook Club*, voir http://www.evolutionzone.com/kulturezone/memetics/memetics.txt).

2. Comme le suggère Connie Barlow dans l'extrait qui suit, l'unité, cellulaire ou animale, possède souvent en elle les « textes » d'autres unités ; parfois, les textes de ces unités se confondent et s'enchevêtrent : « Devant nous est apparu un cortège déroutant d'entités individuelles qui habitent des cellules isolées, d'autres qui habitent initialement des cellules isolées, puis, ultérieurement, des cellules multiples ; des entités individuelles dont les demeures de chair forment une continuité, sans qu'il y ait de frontière entre elles ; des entités individuelles qui apparaissent et disparaissent le long d'un flot sans fin de substance, une substance qui s'adapte à chacune d'entre elles, comme l'eau d'un ruisseau s'adapte à chaque creux de son lit ; à l'intérieur d'une entité s'en trouvent une infinité d'autres, dissimulées sous le manteau de la potentialité, mais prêtes à en surgir comme par magie, si l'occasion devait se présenter. Il ne reste rien d'autre à faire que d'abandonner nos idées préconçues. Nous devons chercher à interpréter l'individualité humaine non pas comme le seul véritable modèle sur lequel tous les autres doivent s'aligner, mais comme quelque chose qui possède une histoire, et qui n'est intelligible qu'à travers cette histoire. » (Barlow, Connie, *From Gaia to Selfish Genes*, *op. cit.*, p. 80.)

3. Nous savons maintenant que même les hominidés précédant le Neandertal étaient, eux aussi, capables de conceptualisation. L'utilisation de colorants, par exemple, dont la valeur symbolique est importante, est datée d'à peu près 300 000 av. J.-C. (Errico, Francesco d', « Les multiples origines des cultures modernes », *Les Grands Dossiers des sciences humaines*, n° 1, « L'Origine des cultures », *op. cit.*, p. 34 et Wong, Kath, « The Morning of the Modern Mind », *Scientific American, Special Edition : Becoming Human*, vol. 16, n° 2, 2006, p. 77). Plus étonnant encore, l'utilisation des lames remonte à 500 000 av. J.-C. *(ibid.)*.
4. William R. Leonard et Marcia L. Robertson, voir Leonard, William R., « Food for Thought : Dietary Change Was a Driving Force in Human Evolution », *Scientific American*, décembre 2002, p. 109-110.
5. Osvath, Mathias et Gärdenfors, Peter, « Quand les hommes inventèrent l'avenir », art. cité, p. 60.
6. Dean Falk, de l'université d'État en Floride (voir Leonard, William R., « Food for Thought : Dietary Change Was a Driving Force in Human Evolution », art. cité, p. 111).
7. Milton, Katharine, « Diet and Primates Evolution », *Scientific American, Special Edition : Becoming Human*, vol. 16, n° 2, 2006, p. 23.
8. Tattersall, Ian, « How We Came to Be Human », *ibid.*, p. 67 et 73.
9. Wong, Kath, « The Morning of the Modern Mind », art. cité, p. 77.
10. Voir la note 3, p. 249.

La culture inhumaine

1. Dawkins, Richard, *Le Gène égoïste*, traduit par Laura Ovion, Paris, Odile Jacob, 2003 (1976), p. 260-261.
2. Dès 1874, le psychologue américain William James proposa l'idée que les processus mentaux opèrent selon des principes darwiniens. Il est probable, suggéra James, que les idées soient en compétition les unes contre les autres dans le cerveau et que ce dernier, comme l'écosystème, n'est en fait peuplé que des meilleures ou plus « fortes » *(fit)* d'entre elles. Voir Calvin, William H., « The Emergence of Intelligence », *Scientific American, Exploring Intelligence*, vol. 9, n° 4, hiver 1998, p. 89.
3. Dawkins, Richard, *Le Gène égoïste*, *op. cit.*, p. 261.
4. Ce qu'avait entrevu Dawkins dès 1976 : « Les ordinateurs ont de plus en plus de liens entre eux grâce à des réseaux compliqués qui gèrent des informations communes. Beaucoup d'entre eux sont littéralement accouplés, échangeant continuellement du courrier électronique. D'autres partagent des informations quand leurs propriétaires rentrent leurs disquettes. Il s'agit d'un milieu propice au développement de programmes autoréplicateurs » (*ibid.*, p. 433).
5. Selon Robert Aunger, un mème est la transmission d'un changement d'état neuronal sans apport génétique (Aunger, Robert, *The Electric Meme, A New Theory of How We Think*, New York, Free Press, 2002, p. 189).
6. Impossibilité d'ailleurs exploitée dans *Life of Pi* et *1984*. Si, dans le livre de Yann Martel, c'est la source d'une amusante confusion, cette impossibilité est traitée avec beaucoup plus de sérieux dans le livre d'Orwell. Car qu'est-ce que la double pensée si ce n'est, justement, la capacité de croire en deux idéologies à la fois (et de savoir, sans le savoir, qu'il s'agit là d'une profonde contradiction ?) Qu'est-ce que la source et la terreur du

livre d'Orwell si ce n'est, justement, la capacité de vivre cette impossibilité et de la maintenir en tant que système cohérent ? La manipulation dont sont victimes les habitants des sphères supérieures de l'Océania est justement causée par cette habilité qu'ont leurs dirigeants à tenir des idéologies contradictoires en équilibre.

7. Un taxon est une unité taxinomique (tels espèces, genres, familles).
8. Mann, Charles C., « 1491 », *The Atlantic Monthly*, mars 2002, p. 41-53.
9. E.O. Wilson, dans son livre *L'Unicité du savoir*, démontre comment l'enchevêtrement entre données environnementales et réplicateurs (des mèmes chimiques dans ce cas-ci) permet, chez les fourmis, l'émergence d'une intelligence collective : « De nombreux biologistes ont établi, de façon indépendante, que l'organisation de colonies de fourmis se fait à l'aide de mécanismes chimiques, comme ceux servant à transmettre une alarme. Nous avons découvert que leurs corps transportent un grand nombre de glandes remplies de *composés sémiotiques* (nous soulignons). Lorsque les fourmis émettent leurs phéromones, ce qu'elles peuvent faire seules ou en combinaison, et en quantités qui varient, elles disent à leurs compatriotes : *danger, venez vite* ; ou *danger, dispersez-vous* ; ou *nourriture, suivez-moi* ; ou *il y a un meilleur endroit pour le nid, suivez-moi* ; ou *je suis du même nid, pas un étranger* ; ou *je suis une larve* ; et ainsi de suite. Leur répertoire contient environ dix à vingt messages ; ce nombre varie selon la caste (tels soldat ou travailleur) et l'espèce. Ces codes de goût et d'odeur sont si pénétrants et puissants qu'ils unissent les colonies de fourmis en une seule unité opérationnelle. Résultat, chaque colonie équivaut à un superorganisme, c'est-à-dire un agrégat d'organismes conventionnels agissant comme un seul grand organisme.

La colonie elle-même constitue une *toile sémiotique primitive* (nous soulignons) qui ressemble vaguement à un réseau nerveux, une hydre à cent têtes. Il suffit de toucher à une seule fourmi pour que la sensation soit transmise à l'intelligence collective. » (Wilson, Edward O., *L'Unicité du savoir*, *op. cit.*, p. 94.)

10. http://www.red3d.com/cwr/boids.
11. Voici d'ailleurs ce qu'en dit Steven Johnson : « Commençons par abandonner deux façons habituelles de penser en ce qui concerne la nature du cerveau. Premièrement, oublions la matière grise et les synapses [...]. Deuxièmement, acceptons la prémisse que le cerveau peut être une entreprise collective. Étant nous-mêmes des organismes individuels, nous avons tendance à penser le cerveau comme une chose bien distincte possédée par des organismes individuels. Mais ces deux catégories ne sont que des fictions utiles. Comme nous l'avons vu, les fourmis font leur « apprentissage » au niveau de la colonie – qui devient moins agressive en vieillissant ou qui modifie l'itinéraire d'une chaîne de nourriture pour contourner un obstacle – tandis que les fourmis individuelles demeurent ignorantes du projet global. Le “cerveau” de la colonie est la somme de plusieurs milliers de décisions simples prises par les fourmis individuelles. Celles-ci n'ont pas de personnalité à proprement parler, contrairement aux colonies. Remplacez les fourmis par des neurones, et les phéromones par des neurotransmetteurs, et nous pourrions aussi bien parler du cerveau humain. Si les neurones peuvent se réunir et former un cerveau conscient, est-il alors inconcevable de croire que le processus puisse aussi fonctionner au niveau supérieur ? Les cerveaux individuels ne pourraient-ils pas se connecter entre eux, cette fois par l'entremise du langage numérique du web, et ainsi former quelque chose

qui dépasserait la somme de ses parties – ce que le philosophe/prêtre à la mode Teilhard de Chardin appelait la noosphère ? » (Johnson Steven, *Emergence*, *op. cit.*, p. 115.)

12. Voir à ce sujet Garreau, Joel, « Cell Biology », *The Washington Post*, 31 juillet 2002.
13. Voir à ce sujet Rheingold, Howard, *Smart Mobs, The Next Social Revolution*, Cambridge, Perseus Publishing, 2003.
14. « Tels des transistors regroupés sur la puce d'une calculatrice de poche, les abeilles avaient calculé l'étape suivante d'une série mathématique. » (Bloom, Howard, *Le Principe de Lucifer*, t. 2 : *Le Cerveau global*, *op. cit.*, p. 59.)
15. Que ce soit au niveau des insectes, des cellules ou des humains, la dynamique est la même : « Autrement dit : “L'information locale peut mener à la sagesse globale.” La logique de l'essaimage est principalement constituée d'un mécanisme d'interaction entre les fourmis sur le terrain : patrouillant dans la région autour du nid, les fourmis se bousculent les unes les autres et avancent ainsi sur de multiples traces de phéromones. Ajouter des fourmis au système d'ensemble créera davantage d'interactions entre voisins et permettra à la colonie de résoudre des problèmes et de s'autoréglementer de façon plus efficace. Sans les interactions entre fourmis avoisinantes, les colonies ne seraient que des assemblages d'organismes individuels – un essaim sans logique. [...] Les cellules apprennent à s'assembler en des structures plus complexes à l'aide de leurs voisins. Chaque cellule dans le corps humain possède un ensemble d'outils complexe servant à détecter l'état des cellules avoisinantes, ainsi qu'à communiquer avec celles-ci via une variété de messages chimiques. Tandis que les fourmis communiquent

entre elles à l'aide de phéromones, la communication entre cellules se fait avec des sels, des sucres, des acides aminés, et même des plus grandes molécules comme des protéines et des acides nucléiques. » (Johnson Steven, *Emergence*, *op. cit.*, p. 79 et 84-85.)

16. *Radio Frequency Identification.* Les RFID sont de petites puces électroniques avec antennes qui peuvent communiquer et recevoir des données. Elles sont utilisées sur des produits (vêtements, médicaments, DVD, etc.) pour vérifier un inventaire, empêcher le vol, surveiller les clients, etc. Insérées en sous-cutané, elles peuvent aussi servir à retrouver un animal perdu.
17. Qu'est-ce que la soif de connaissances si ce n'est le besoin d'acquérir puis de disséminer de l'information ? Qu'est-ce que la soif de connaissances si ce n'est une dynamique qui produit et propage des idées ? La soif de connaissances est le produit de la coévolution humains/mèmes. La soif de connaissances nous permet de mieux vivre mais elle nous oblige aussi à propager les idées et les outils.
18. « L'histologie [...] montre que la majorité des animaux, l'homme et son type d'individualité primitif inclus, sont composés d'un certain nombre d'unités, qu'on appelle les cellules. Certaines d'entre elles possèdent une indépendance considérable, et force est de constater que celles-ci entretiennent la même relation à l'ensemble du corps humain que les individus d'une colonie de polypes coralliens, ou, encore mieux, d'un siphonophore (méduse) à la colonie entière. Cette conclusion est renforcée lorsqu'on découvre qu'il existe un grand nombre d'animaux libres, comme les protozoaires (espèce comprenant les formes de vie les plus simples connues), qui correspondent, en tout point, aux unités qui composent le corps humain, sauf pour leur existence séparée et indépendante. Les deux,

en fait, sont des cellules ; mais alors que l'une semble posséder une individualité évidente, il est difficile de se prononcer sur l'autre. » (Barlow, Connie, *From Gaia to Selfish Genes*, *op. cit.*, p. 75.)

19. « Prenez, par exemple, *Distomum hepaticum*, la douve. Cette créature désagréable, qui provoque une maladie du foie chez le mouton, pond ses œufs hors de son hôte afin que ceux-ci puissent éclore et devenir de petits embryons qui nagent dans l'humidité des plantes des prairies. Ils ne peuvent se développer davantage sans infiltrer le corps d'un type particulier d'escargot ; s'ils en trouvent un, ils creusent jusqu'au foie et y grandissent. Ils ne deviennent pas encore une douve, mais plutôt un type irrégulier de vessie : un sporocyste. Celui-ci, de sa paroi intérieure, produit plusieurs nouveaux embryons qui grandissent et éclosent hors de leur parent en tant que rédies, qui diffèrent autant de la douve que du sporocyste. Ceux-ci, à leur tour, mettent au monde plusieurs petites créatures à queue, les cercaires, qui migrent en dehors de l'escargot, se mettent dans un état de dormance sur l'herbe, et attendent passivement qu'un mouton vienne les brouter. Si un d'entre eux a la chance de se faire manger, il éclôt, creuse jusqu'au foie, s'y terre et devient une douve.
Chacune de ces trois formes récursives est évidemment un individu au sens où nous l'entendons : ils constituent un tout comportant diverses parties qui œuvrent vers la perpétuation de l'organisme, même si cette perpétuation est limitée. Cet aspect mis à part, le cycle lui-même doit être pris en considération : il est, lui aussi, une chose bien définie, un tout, composé d'une variété de parties (sporocyste, rédie, douve) ; il fonctionne, lui aussi, de façon à se perpétuer indéfiniment. Quel droit avons-nous de lui nier son individualité, aussi réelle que celle de ses parties ? » (*ibid.*, p. 71-73.)

20. Chez les abeilles par exemple, c'est la collectivité qui décide de la légitimité d'un point de butinage. Celles-ci, de retour à la ruche, entament une danse qui décrit l'endroit où se trouvent les fleurs. C'est alors la collectivité qui décide si l'information est utile ou non. La validité de l'information donnée par l'abeille n'est pas dépendante de sa véracité (car un tel concept n'existe pas chez les insectes) mais bien de sa légitimation par le groupe. Plus le groupe accepte l'information, plus le groupe crée des liens à cette information et plus celle-ci devient partie intégrante, et importante, de l'intelligence collective de la ruche.
21. La popularité prouve la force et la domination de celui, ou celle, qui en est bénéficiaire. Un être populaire est un être désiré, avec lequel les membres du groupe cherchent à s'accoupler, à côté duquel il est important de se faire voir. La popularité n'est autre que la hiérarchie du groupe animal déguisée sous une forme sociale.

L'humain et la civilisation

1. Frenay, Robert, *Pulse*, *op. cit.*, p. 76-77.
2. Celles de Randy Jirtle, de l'université Duke (et de son assistant, Robert Waterland).
3. Aujourd'hui, nombreux sont les scientifiques qui réalisent « que des doses de vitamines, une brève exposition à une toxine, une dose supplémentaire de soins maternels peuvent altérer l'épigénome et donc les instructions que reçoivent les gènes, de façon telle que le corps et le cerveau d'un individu en sont affectés » (Watters, Ethan, « DNA is Not Destiny », *Discover*, novembre 2006, p. 34).
4. Michael Meaney et Moshe Szyf, de l'université McGill à Montréal (*ibid.*, p. 36).
5. Dyens, Ollivier, *Chair et Métal*, Montréal, VLB éditeur, 2000.

6. Qu'est-ce que la vie artificielle ? C'est la simulation informatique de dynamiques évolutionnistes. La vie artificielle permet d'examiner en détail les forces qui semblent mener au vivant et à plusieurs de ses dynamiques de groupe. Si cela peut paraître réductionniste, n'oublions pas que de nombreuses simulations ont offert des résultats dont les similitudes avec la biologie sont pour le moins troublantes (selon certains, la vie artificielle serait même une biologie informatique).
« Traditionnellement, la biologie a commencé par le haut, concevant l'organisme vivant comme une machine biochimique complexe, et a poursuivi vers le bas de façon analytique – passant par les organes, les tissus, les cellules, les organites, les membranes, et finalement les molécules – afin de découvrir les mécanismes de la vie. La vie artificielle part du bas, concevant un organisme comme une grande population de machines *simples*, et poursuit vers le haut de façon synthétique, construisant des agrégats d'objets gouvernés par des règles simples, qui interagissent entre eux de façon non linéaire, afin de supporter les dynamiques globales qui ressemblent à la vie. Le concept-clé dans la vie artificielle est celui du *comportement émergent*. La vie naturelle émerge des interactions organisées entre un grand nombre de molécules non vivantes, sans qu'un contrôleur global soit responsable du comportement de chacune des parties. » (Langton, cité dans Landa, Manuel de, « Virtual Environments and the Emergence of Synthetic Reason », in Dery, Mark, *Flame Wars, The Discourse of Cyberculture*, South Atlantic Quarterly, Special Issue, vol. 92, n° 4, 1993, p. 799.)
7. Cette emphase sur le vivant en tant que dynamique indépendante de la matière dans laquelle il se manifeste est définie comme un « darwinisme universel ». Selon Darwin, les principes fondamentaux de la théorie de

l'évolution (l'hérédité, la variation et la sélection) s'expriment dans la matière organique et créent le vivant. Mais tant et aussi longtemps que ces principes sont présents, la matière, *quelle qu'elle soit*, pourrait être imbue de vie. Cela est d'autant plus vrai, suggère le philosophe Daniel Dennett, si l'on conçoit l'évolution comme un algorithme. Un algorithme est une dynamique qui s'exprime indépendamment de la matière utilisée *(substrate neutral)*. (Blackmore, Susan, *The Meme Machine*, Oxford, Oxford University Press, 2000, p. 11.)

8. Bien que cela soit aussi le cas chez certains primates (les chimpanzés en particulier).
9. Les deux premières étant le capitalisme familial et le fordisme.
10. « Entretien avec Ève Chiapello », *La Recherche*, hors-série n° 9, novembre 2002, p. 40-41.
11. « On considère souvent Wal-Mart comme étant l'entreprise la plus puissante au monde, mais celle-ci gagne moins de quatre cents sur chaque dollar de vente, et sa marge de profit est restée approximativement la même au fil des ans – ce qui signifie que quand l'entreprise réduit ses coûts auprès de ses fournisseurs, ses économies sont transmises aux consommateurs, au lieu de servir à engraisser son résultat net. Wal-Mart ne peut augmenter ses prix ; ses consommateurs iraient ailleurs. La même chose est vraie de Target et Costco. D'une certaine façon, Wal-Mart est le représentant élu de dizaines de millions de consommateurs avides de rabais et, comme tout représentant, n'existe donc que pour leur bon plaisir. » (Surowiecki, James, « The Customer is King », *The New Yorker*, 14-21 février 2005, p. 104.)
12. Poirier, Hervé, « Une théorie explique l'intelligence de la nature », *Science & vie*, n° 1034, novembre 2003, p. 45-63.
13. « Je crois vraiment que toutes les formes que l'on trouve dans la nature ont subi un processus d'optimisation. Du

bassin des rivières aux poumons, les formes naturelles sont déterminées par le principe de distribution optimale des imperfections » (*ibid.*, p. 51.)

14. Qu'est-ce que la complexité ? « La quantité minimale d'information nécessaire pour représenter un processus » (Kurzweil, Ray, *The Singularity Is Near*, *op. cit.*, p. 3). Mais l'information elle-même est un concept vague car un processus désordonné est aussi un processus informationnel. De plus, l'imprévisibilité de l'information est un critère important (si l'information reçue est parfaitement prévisible, elle cesse d'être informationnelle). Il faut donc redéfinir la complexité qui serait alors « la quantité minimale d'information ordonnée, non prévisible et pertinente, qui sert à caractériser un système » (*ibid.*, p. 37). Mais un système qui tend vers une solution plus efficace ne tend pas forcément vers une complexification de sa structure immédiate (même si c'est souvent le cas). En fait, c'est dans la somme totale des processus (de pertinence, de non-prévisibilité et de cohérence) que la complexité fait inévitablement son apparition. Quand l'information d'un processus est cohérente, non prévisible, pertinente et qu'elle sert à résoudre un problème donné de la façon la plus efficace possible, alors il y a complexification. C'est ce que nous pouvons observer dans ce système qu'est l'évolution, où les solutions proposées à divers problèmes ne sont pas forcément plus compliquées mais mènent invariablement à une plus grande complexité. Le pouce, par exemple, permet une manipulation plus fine et plus délicate des objets, ce qui permettra l'apparition éventuelle des outils (*ibid.*, p. 39).
« Il est légitime d'observer que les changements de paradigme dans le cadre d'un processus évolutionnaire comme la biologie – et sa perpétuation par la technologie – correspondent à une augmentation de la complexité. [...] Par

exemple, l'évolution de l'ADN a permis la création d'organismes plus complexes, dont les processus biologiques de traitement de l'information pouvaient être contrôlés par la flexibilité avec laquelle la molécule d'ADN stocke l'information. L'explosion cambrienne a fourni un ensemble stable de plans d'animaux (sous forme d'ADN), afin que le processus évolutionnaire puisse se concentrer sur le développement de cerveaux plus complexes. Quant à la technologie, l'invention de l'ordinateur a fourni une façon pour la civilisation humaine de stocker et de manipuler des ensembles d'information encore plus complexes. L'interconnectivité considérable d'Internet permet une complexité encore plus poussée. » (*ibid.*, p. 38.)

15. http://fr.wikipedia.org/wiki/Th%C3%A9orie_constructale.
16. Le système numérique (le binaire) existe depuis longtemps. Mais il fallut attendre la Seconde Guerre mondiale pour voir l'Allemand Konrad Zuse l'appliquer à un système de calcul mécanique.
17. Certes, il serait possible de suggérer que la reproductibilité parfaite du numérique est aussi son talon d'Achille puisque c'est par l'erreur dans la reproduction (la mutation) que les espèces et dynamiques survivent aux défis environnementaux. Mais le numérique est différent. Il « survit » par la stratification. Si le numérique copie parfaitement, il propose, en revanche, la multiplication et la sédimentation de ses copies. C'est cette multiplication/sédimentation qui assure la survie.

L'exil de la singularité

1. Vinge a popularisé le terme grâce à un essai publié en 1983 et intitulé *The Technological Singularity*. Cependant, dès 1965, le statisticien I. J. Good propose la chose suivante : « Définissons une machine ultra-intelligente comme étant une machine qui peut surpasser, de loin,

toute activité intellectuelle de tout homme, peu importe son intelligence. Étant donné que la création de machines constitue justement l'une de ces activités intellectuelles, une machine ultra-ingelligente pourrait créer de meilleures machines ; il y aurait alors une "explosion d'intelligence", et l'intelligence de l'homme serait surclassée. Ainsi, la première machine ultra-intelligente sera la dernière invention que l'homme aura besoin de créer. » Voir : http://www.answers.com/main/ntquery?method=4&dsid=2222&dekey=Technological+singularity&gwp=8&curtab=2222_1&linktext=The%20Technological%20Singularity.

2. Walter, Chip, « Kryder's Law », *Scientific American*, août 2005, p. 32.
3. Kurzweil, Ray, *The Singularity Is Near*, *op. cit.*, p. 72.
4. *Ibid.*, p. 11.
5. Garreau, Joel, *Radical Evolution*, *op. cit.*, p. 5.
6. Kurzweil, Ray, *The Singularity Is Near*, *op. cit.*, p. 70.
7. Joy, Bill, « Why the Future Doesn't Need Us », *Wired*, 8 avril 2000.
8. Kurzweil, Ray, *The Singularity Is Near*, *op. cit.*, p. 15.
9. Philosophe, scientifique et jésuite, Teilhard de Chardin emprunte le terme « Noosphère », littéralement sphère de pensée, à Vladimir Vernadsky pour suggérer qu'en réponse à la biosphère, l'amalgame de tous les êtres vivants, existe aussi la noosphère, l'amalgame de tous les esprits et intelligences de la planète. La noosphère évolue, selon Teilhard de Chardin, de la conscience humaine vers une conscience d'abord planétaire puis cosmologique. La finalité de celle-ci est le point Omega, soit l'unité de la conscience. Dieu n'est donc pas dans les « cieux » mais bien dans l'évolution constante de la conscience vers son point d'achèvement ultime. Voir : http://www.wiki-mirror.be/index.php/Noosphere.

http://fr.wikipedia.org/wiki/Teilhard_de_Chardin.

10. Ainsi que le prouve l'attribution du prix annuel Feynman (pour la meilleure recherche théorique ou pratique en nanotechnologie) par l'Institut Foresight. Voir : http://www.foresight.org/about/2005Feynman.html#2005Winners.
11. http://www.pbs.org/wgbh/nova/elegant/everything.html.
12. Qu'est-ce qu'un changement paradigmatique ? C'est, nous dit Leupin, « une transformation radicale dans la façon dont nous pensons et dont nous nous représentons le monde. Une transformation si radicale qu'elle bouleverse toutes les sphères de l'activité humaine. » (Leupin, Alexandre, *What is Modernity ? The Theory of Epistemological Cuts*, Montreal, McGill University, Maxwell Cummings Lecture, 4 octobre 2001.)
13. En fait, selon Leupin *(ibid.)*, le Christ représente une coupure épistémologique profonde car, à la fois homme et dieu, il fait converger les mondes supralunaire (les cieux, les idées, les abstractions) et sublunaire (la matière, la terre, le désordre). Cette convergence (cette incarnation) est si révolutionnaire qu'elle donnera naissance à la science moderne (par l'entremise de Galilée qui, quinze siècles plus tard, fait lui aussi converger les cieux et la terre).
14. Il est difficile de prouver le passage d'un changement paradigmatique avant que plusieurs décennies, si ce n'est siècles, ne se soient écoulées. Pourquoi ? Car ce n'est que de façon globale que son effet se fait sentir. Tout autour, dans le local et l'intime, la transformation est si discrète qu'il est difficile d'y distinguer des bouleversements. Dans l'intime et le local, le changement paradigmatique ressemble essentiellement à un conflit de générations.
15. Il est d'ailleurs intéressant de noter que ce sont les sociétés qui produisent les terroristes qui sont les plus surveillées et surveillantes. Là aussi, l'impact de la condition inhumaine se fait sentir.

16. Paul Virilio a longtemps critiqué la structure même des technologies de l'information. Pour ce penseur français, le fait qu'il était maintenant possible de communiquer avec un nombre infini d'interlocuteurs, à travers l'espace et le temps (réel), sans pour autant connaître ses voisins, était signe de morbidité. Virilio y voyait, en fait, la destruction du tissu social. On sait aujourd'hui que cette analyse de la situation, si elle n'est pas fausse, s'adresse essentiellement aux cas pathologiques. L'immense majorité des utilisateurs des nouvelles technologies de la communication, s'ils sont effectivement en contact avec un nombre croissant d'interlocuteurs internationaux, sont aussi capables de conserver de véritables relations sociales (et physiques). Contrairement à ce que suggérait Virilio, il est possible de partager sa journée entre réseaux virtuels et réels.
17. « Qui possède vos octets d'informations lorsque vous mourez ? » demande Thomas L. Friedman.
18. Leupin, Alexandre, *Lacan Today, Psychoanalysis, Science, Religion*, New York, Other Press, 2004, p. XXVII.
19. Il est intéressant de noter ici que les premières ébauches théoriques de la machine universelle furent proposées par Alan Turing, que l'arrestation pour homosexualité, en 1952, poussera au suicide.
20. Et ce, même si la pornographie se fait un devoir de montrer l'éjaculation. Car cette éjaculation, par le fait qu'elle est toujours présentée à l'extérieur du corps (féminin ou masculin), nie toute la dimension reproductive, donc animale, de cet acte.
21. Pagels, Heinz R., *The Dreams of Reason*, New York, Simon and Schuster, 1988, p. 77-79.
22. Landa, Manuel de, « Virtual Environments and the Emergence of Synthetic Reason », art. cité, p. 812.

L'insensé et la science-fiction

1. Bukatman, Scott, *Terminal Identity. The Virtual Subject in Postmodern Science Fiction*, Durham, Duke University Press, 1993, p. 6.
2. Si tel est le cas, alors il est nécessaire de se demander si ce film raconte la lutte des humains contre les machines, ainsi qu'une lecture normale de cette œuvre nous le fait croire, ou s'il illustre le rêve éveillé d'un désaxé, incapable d'affronter les transformations, incohérences et instabilités de sa société technologique. Notons, d'ailleurs, que pour « plonger » dans l'univers machine, Neo doit être couché sur un lit, entouré de « techniciens », son crâne couvert d'électrodes, harnaché à un appareil qui ressemble étrangement à un balayeur d'imageries par résonances magnétiques.
3. Dans son livre *Radical Evolution*, Joel Garreau souligne bien cette étonnante ressemblance : « DARPA (Defence Advanced Research Projects Agency) s'intéresse énormément à la création d'humains invincibles. La douleur, les blessures et le saignement constituent les principaux obstacles qui ralentissent les humains en combat. [...] Le commandant de la Marine, Kurt Henry [...] dirige donc une équipe de chercheurs afin de trouver une solution à ces problèmes. Dans le cadre du programme Persistance in Combat (PIC), qu'il gère lui-même, [...] Henry finance la création d'un vaccin contre la douleur. La substance bloque la douleur intense en moins de dix secondes, et ses effets durent trente jours, sans toutefois nuire aux réactions. Si l'on touche un poêle chaud, on subira tout de même le choc initial, et la main se retirera brusquement. Mais par la suite, la souffrance s'estompera. » (Garreau, Joel, *Radical Evolution*, *op. cit.*, p. 26-27.)
   Steve Featherstone souligne, lui aussi, cette ressemblance : « Avec un budget de 145 milliards de dollars, le

Army's Future Combat System (FCS) est le programme militaire le plus coûteux mais aussi le plus avant-gardiste de l'histoire. Le soldat y est toujours le concept central, mais il y a été refaçonné en un genre de soldat *plug and play*, un nœud dans ce réseau encore imaginaire de robots, de véhicules pilotés, de senseurs terrestres, de satellites et de postes de commandes. » (Featherstone, Steve, « The Coming Robot Army, Introducing America's Future Fighting Machines », *Harper's Magazine*, février 2007, p. 44.)

4. Le premier cas de naissance de septuplés date de 1985 (les enfants Frustaci). Voir http://en.wikipedia.org/wiki/Septuplet. Le film *Alien*, quant à lui, sort en 1986.
5. Selon Edward J. Ingebretsen, le genre artistique de l'horreur, tout comme la religion d'ailleurs, expriment une « angoisse de la métamorphose », une peur de la possession de son être par quelqu'un ou quelque chose et reflètent ainsi l'incapacité (et le sentiment d'impuissance qui s'ensuit) de pouvoir comprendre ou même entrevoir non seulement l'après-vie mais bien la vie elle-même. (Clark, Lynn S., *From Angels to Aliens*, Oxford, Oxford University Press, 2003, p. 13.)
6. « It's happening », s'exclame le révérend Graham Hess, joué par Mel Gibson, devant la télé qui soudain ne diffuse plus que le signal de transmission.
7. N'est-ce pas aussi le but des extraterrestres d'*Independance Day* ?
8. Spielberg, quant à lui, associe son film à la guerre larvée entre l'Occident et le terrorisme.
9. C'est en quelque sorte ce que proposent les tenants de l'impact positif de la singularité. Pour Ray Kurzweil, Hans Moravec et Marvin Minsky, la transformation technologique profonde que nous subissons aujourd'hui est le signe d'une tendance naturelle, et positive, vers une

complexification non pas simplement de l'écosystème mais bien de l'intelligence et même de la conscience. L'influence de Teilhard de Chardin (voir note 9, p. 261) est ici manifeste.

10. Pour Paul Virilio, nous vivons une transformation importante de notre relation au temps, et à la vitesse, au travers des nouvelles technologies. Cette transformation favoriserait la présence d'un temps mondial (plutôt que local) et d'une vitesse industrielle niant l'histoire et provoquant un télescopage du regard (humain). Sans la possibilité du regard, le corps et ses dimensions organiques disparaîtraient.

11. Puisqu'elle permet aux processus et collectivités qui forment le corps de se « représenter » comme un tout, unique et individuel. Alors que le corps ne cesse de changer à travers les années et que le tout cellulaire d'un adulte est totalement différent du tout cellulaire de son enfance, la mémoire crée des liens et des passerelles dans le temps et l'espace du corps.

12. Les seules images cinématographiques encore possibles seraient celles qui représentent l'amour (l'unique séquence en mouvement de ce film est celle d'une femme qui se réveille le matin). Pourquoi ? Parce que l'amour propose une narration, une histoire, une progression, ce que les camps ont rendu impossible.

13. Dans la version filmée, puisque le texte de Philip K. Dick ne propose pas la même chose.

14. Le phénomène des enlèvements extraterrestres est non seulement le sujet d'un nombre important de diagnostics médicaux mais il est aussi le thème d'études et de conférences universitaires. Le cas le plus connu est celui de la conférence organisée par le Massachusetts Institut of Technology en 1992 (et présidé par David Pritchard, professeur de physique au MIT et John E. Mack, professeur de psychiatrie à Harvard).

15. Clark, Lynn S., *From Angels to Aliens*, *op. cit.*, p. 89.
16. Voilà d'ailleurs tout le propos du film *The Island*.

La machine qui palpite

1. Kelly, Kevin, Interview in *Science and Spiritual Quest, New Essays by Leading Scientists*, Londres/New York, Routledge, 2002, p. 44.
2. 57 % des adolescents américains créent du contenu (textuel, visuel, musical, vidéographique, etc.) pour Internet (*The Economist*, « Among the Audience, A Survey of New Media », 22 avril 2006, p. 4).
3. Certes, le choix de ces modes de vie n'est pas exempt de problèmes. Ainsi que le démontre bien Naomi Klein, la majorité de ces choix sont non seulement investis par des intérêts financiers mais sont en fait produits par ces derniers. Pensons notamment aux campagnes de publicité ciblées qui s'avèrent d'une efficacité impressionnante car moins facilement décodées et décodables par le citoyen qui en est la cible (puisque ces campagnes fonctionnent à la fois sur le mode de la séduction intellectuelle et sociale et sur la base de nombreuses recherches qui ont permis de décoder les mécanismes qui sous-tendent la persuasion. Lire à ce propos Cialdini, Robert B., « The Science of Persuasion », *Scientific American Mind*, special edition, vol. 14, n° 1, janvier 2004, p. 70-77). Cela étant, il est illusoire de croire que tous les choix de vie sont le résultat et le produit direct de campagnes publicitaires et de manipulations économiques. Ce que les intérêts financiers et la publicité nous proposent de consommer, les styles, modes et choix de vie qu'ils semblent nous imposer sont eux-mêmes créés par les désirs, fantasmes, espoirs et questionnements de la population. Intérêts financiers et sociaux sont, eux aussi, une

dynamique d'amplification et d'interférences. Et comme cela est le cas pour la relation humains/outils-mèmes, il est difficile, si ce n'est impossible, de désigner l'un ou l'autre comme la source première de cette relation.

BIBLIOGRAPHIE

Livres et articles

AINSWORTH, Claire : « The Stranger within », *New Scientist*, 15-21 novembre 2003, p. 34-37.

AUGÉ, Marc : *Non-Lieux. Introduction à une anthropologie de la surmodernité*, Paris, Seuil, 1992.

AUNGER, Robert : *The Electric Meme, A New Theory of How We Think*, New York, Free Press, 2002.

AUBERT, Nicole : « Que sommes-nous devenus ? », *Sciences humaines*, n° 154, dossier « L'individu hypermoderne », novembre 2004, p. 36-41.

BARLOW, Connie : *From Gaia to Selfish Genes, Selected Writings in the Life Sciences*, Cambridge/Londres, MIT Press, 1992.

BARRETT, Justin L. : « Lettre à l'éditeur en réponse à l'article "Is God an Accident ?" », *The Atlantic Monthly*, mars 2006, p. 18.

BLACKMORE, Susan : *The Meme Machine*, Oxford, Oxford University Press, 2000.

BLOOM, Howard : *Le Principe de Lucifer*, t. 2 : *Le Cerveau global*, traduit par Aude Flouriot et Carole Hennebault, Paris, Le jardin des livres, 2003 (2000).

BLOOM, Paul : « Is God an Accident ? », *The Atlantic Monthly*, décembre 2005, p. 105-112.

BRICKA, Jean-Philippe : « Une grammaire innée ? », in *Du langage aux langues*, hors-série n° 227, *Sciences & vie*, juin/août 2004, p. 22-29.

BUKATMAN, Scott : *Terminal Identity. The Virtual Subject in Postmodern Science Fiction*, Durham, Duke University Press, 1993.

CALVIN, William H. : « The Emergence of Intelligence », *Scientific American, Exploring Intelligence*, vol. 9, n° 4, hiver 1998, p. 44-50.

CHIAPELLO, Ève : Entretien accordé à *La Recherche*, hors-série n° 9, novembre 2002, p. 40-41.

CIALDINI, Robert B. : « The Science of Persuasion », *Scientific American Mind*, special edition, vol. 14, n° 1, janvier 2004, p. 70-77.

CLARK, Lynn S. : *From Angels to Aliens*, Oxford, Oxford University Press, 2003.

CYRULNIK, Boris : « Parler, c'est créer un morceau de monde », entretien accordé à *Science & Vie*, hors-série, n° 227, juin 2004, p. 5-13.

DAWKINS, Richard : « The Digital River », *Wired*, 3 juillet 1995, p. 10-124 et 172-173.

DAWKINS, Richard : *Le Gène égoïste*, traduit de l'américain par Laura Ovion, Paris, Odile Jacob, 2003 (1976).

DAWKINS, Richard : *Qu'est-ce que l'évolution ? Le fleuve de la vie*, traduit de l'américain par Thiên Nga Lê, Paris, Hachette, 2005 (1996 et 1997 pour la version française).

DENIGOT, Gwen-Haël : « L'origine des langues », in *Du langage aux langues*, hors-série n° 227, *Sciences & vie*, juin/août 2004, p. 122-135.

DESSALLES, Jean-Louis : « Aux sources du langage », *Les Grands Dossiers des sciences humaines*, n° 1,

« L'Origine des cultures », décembre 2005/janvier-février 2006, p. 44-49.

DORTIER, Jean-François : « Aux origines de la pensée », *Les Grands Dossiers des sciences humaines*, n° 1, « L'Origine des cultures », décembre 2005/janvier-février 2006, p. 34-37.

DYENS, Ollivier : *Chair et Métal*, Montréal, VLB éditeur, 2000.

ELIADE, Mircea : *Aspects du mythe*, Paris, Gallimard, 2002 (1963).

ERRICO, Francesco d' : « Les multiples origines des cultures modernes », *Les Grands Dossiers des sciences humaines*, n° 1, « L'Origine des cultures », décembre 2005/janvier-février 2006, p. 52-57.

FEATHERSTONE, Steve : « The Coming Robot Army, Introducing America's Future Fighting Machines », *Harper's Magazine*, février 2007, p. 43-52.

FRENAY, Robert : *Pulse, The Coming of Age of Systems and Machines Inspired by Living Things*, New York, Farrar, Straus and Giroux, 2006.

FRIEDMAN, Thomas L. : *La Terre est plate. Une brève histoire du XXI*e *siècle*, traduit de l'américain par L. Bury, Paris, Saint-Simon, 2006 (2005).

GARREAU, Joel : « Cell Biology », *The Washington Post*, 31 juillet 2002.

GARREAU, Joel : *Radical Evolution*, New York, Doubleday, 2005.

GILL, Steven R. : « The Institute for Genomic Research », cité dans *Harper's Magazine*, vol. 313, n° 1876, septembre 2006, p. 13.

GLADWELL, Malcolm : « The Formula. What if You Build a Machine to Predict Hit Movies ? », *The New Yorker*, 16 octobre 2006, p. 138-149.

GUESPIN-MICHEL, Janine et RIPOLL, Camille : « La dialectique de l'émergence », in *L'Énigme de l'émergence*, hors-série, *Sciences et avenir*, n° 143, juillet-août 2005.

HARAWAY, Donna : *Simians, Cyborgs, and Women. The Reinvention of Nature*, New York, Routledge, 1991.

HAYLES, N. Katherine : *Chaos Bound. Orderly Disorder in Contemporary Literature and Science*, Ithaca/Londres, Cornell University Press, 1990.

HENIG, Robin Marantz : *A Dancing Matrix*, New York, Vintage Books, 1994.

HITT, Jack : « This Is Your Brain on God », *Wired*, 7 novembre 1999.

HOFFMEYER, Jesper : *Signs of Meaning in the Universe*, translated by Barbara J. Haveland, Bloomington et Indianapolis, Indiana University Press, 1996 (1993).

HOLT, Jim : « Unstrung », *The New Yorker*, 2 octobre 2006, p. 86-91.

JOHNSON Steven : *Emergence : the Connected Lives of Ants, Brains, Cities, and Software*, New York, Scribner, 2001.

JOY, Bill : « Why the Future Doesn't Need Us », *Wired*, 8 avril 2000, p. 238-247.

KELLY, Kevin : *Out of Control. The Rise of Neo-Biological Civilization*, Massachusetts, Addison-Wesley Publishing Company, Readings, 1994.

KELLY, Kevin : Interview in *Science and Spiritual Quest, New Essays by Leading Scientists*, Londres/New York, Routledge, 2002, p. 42-45.

KLEIN, Noami : *No Logo. La Tyrannie des marques*, Paris, J'ai lu, 2004 (2000).

KLINKENBORG, Verlyn : « What Do Animals Think ? », *Discover*, vol. 26, n° 5, mai 2005, p. 38-52.

KURZWEIL, Ray : *The Age of Spiritual Machines*, New York, Penguin Books, 1999.

KURZWEIL, Ray : *The Singularity Is Near : When Humans Transcend Biology*, New York, Viking, 2005.

LANDA, Manuel de : « Virtual Environments and the Emergence of Synthetic Reason », in DERY, Mark : *Flame Wars, The Discourse of Cyberculture*, South Atlantic Quarterly, Special Issue, vol. 92, n° 4, 1993.

LEM, Stanislaw : *Solaris*, traduit du polonais par J.-M. Jasienko, Paris, Gallimard, coll. « Présence du futur », 2002 (1966).

LEONARD, William R. : « Food for Thought : Dietary Change Was a Driving Force in Human Evolution », *Scientific American*, décembre 2002, p. 109-115.

LEUPIN, Alexandre : *What is Modernity ? The Theory of Epistemological Cuts*, Montreal, McGill University, Maxwell Cummings Lecture, 4 octobre 2001.

LEUPIN, Alexandre : *Lacan Today, Psychoanalysis, Science, Religion*, New York, Other Press, 2004.

LEVY, Steven : *Artificial Life*, New York, Vintage Books, Random House, 1992.

MANN, Charles C. : « 1491 », *The Atlantic Monthly*, mars 2002, p. 41-53.

MARCUS, Mitchell. P. : « Computer Science and Jewish Mysticism », in *Science and Spiritual Quest, New Essays by Leading Scientists*, Londres/New York, Routledge, 2002, p. 108-116.

MILTON, Katharine : « Diet and Primates Evolution », *Scientific American, Special Edition : Becoming Human*, vol. 16, n° 2, 2006, p. 22-29.

NEALE, Mark : *No Maps for These Territories*, documentaire sur William Gibson, Chris Paine/907 Production, 2001.

ONG, Walter J. : *The Technologizing of the Word*, Londres/New York, Methuen, 1982.

OSVATH, Mathias et GÄRDENFORS, Peter : « Quand les hommes inventèrent l'avenir », *Les Grands Dossiers des sciences humaines*, n° 1, « L'Origine des cultures », décembre 2005/janvier-février 2006, p. 58-63.

PAGELS, Heinz R. : *The Dreams of Reason*, New York, Simon and Schuster, 1988.

PHILIPS, Helen : « Everyday Fairytales », *New Scientist*, 7-13 octobre 2006, p. 32-36.

PINKER, Steven : « Language is a Human Instinct », in *The Third Culture*, edited by John Brockman, New York, Simon & Schuster, 1996, p. 223-238.

POIRIER, Hervé : « Une théorie explique l'intelligence de la nature », *Science & vie*, n° 1034, novembre 2003, p. 45-63.

POIRIER, Hervé : « Le monde n'est pas fractal, il est constructal », entretien avec Adrian Bejan, *Science & vie*, n° 1034, novembre 2003, p. 50-51.

RAUCH, Jonathan : « Seeing Around Corners », *The Atlantic Monthly*, avril 2002, p. 35-48.

REVOY, Nicolas, BOURDIAL, Isabelle : « Pourquoi Dieu ne disparaîtra jamais », *Science & vie*, n° 1055, août 2005, p. 46-66.

RHEINGOLD, Howard : *Smart Mobs, The Next Social Revolution*, Cambridge, Perseus Publishing, 2003.

ROBBINS, Michael W. : « Autism Linked to Excessive Brain Growth », *Discover, The Year in Science*, vol. 25, n° 1, janvier 2004, p. 40.

ROBBINS, Michael W. : « Our Genes May Prove It : We Are Family », *Discover, the Year in Science*, vol. 25, n° 1, janvier 2004, p. 56.

SERRES, Michel : *Éclaircissements. Entretiens avec Bruno Latour*, Paris, Éditions François Bourin, 1992.

SUROWIECKI, James : « The Customer is King », *The New Yorker*, 14-21 février 2005, p. 104.

TATTERSALL, Ian : « How We Came to Be Human », *Scientific American, Special Edition : Becoming Human*, vol. 16, nº 2, 2006, p. 66-73.

TAYLOR, Richard P. et MARTIN, Ted P. : « Order in Pollock's Chaos », *Scientific American*, décembre 2002, p. 116-121.

TESSON, Charles : « Des souris et des hommes, le héros et son spectateur », *Cahiers du cinéma*, hors-série spécial jeux vidéo, septembre 2002, p. 24-27.

VIRILIO, Paul : *Cybermonde, la politique du pire*, Paris, Textuel, 1996.

WALTER, Chip : « Kryder's Law », *Scientific American*, août 2005, p. 32.

WATTERS, Ethan : « DNA is Not Destiny », *Discover*, novembre 2006, p. 33-37 et 75.

WILSON, Edward O. : *L'Unicité du savoir*, traduit de l'américain par C. Winter, Paris, Robert Laffont, 2000 (1998).

WONG, Kath : « The Morning of the Modern Mind », *Scientific American, Special Edition : Becoming Human*, vol. 16, nº 2, 2006, p. 74-83.

Lost Words, nº 2183 de *New Scientist*, 24 avril 1999.

The Economist, « If This Is a Man », 20 décembre 2005, p. 3-12.

The Economist : « Among the Audience, A Survey of New Media », 22 avril 2006, p. 4.

Sites web

ANONYME : « 2005 Foresight Institute Feynman Prize », in *Foresight Nanotech Institute : Advancing Beneficial Nanotechnology*

http://www.foresight.org/about/2005Feynman.html#2005 Winners

ANONYME : « The Compound Eye »
http://users.rcn.com/jkimball.ma.ultranet/BiologyPages/C/CompoundEye.html
ANONYME : « *Homo sapiens* », in *Hominidés : les évolutions de l'homme*
http://www.hominides.com/html/ancetres/ancetres-homo-sapiens.html
ANONYME : « Noosphere », in *Wikipedia Mirror*
http://www.wiki-mirror.be/index.php/Noosphere
ANONYME : « Pierre Teilhard de Chardin », in *Wikipédia : l'encyclopédie libre*
http://fr.wikipedia.org/wiki/Teilhard_de_Chardin
ANONYME : « Technological Singularity », in *Answers.com*
http://www.answers.com/main/ntquery ?method=4&dsid=2222&dekey=Technological+singularity&gwp=8&curtab=2222_1&linktext=The %20Technological%20Singularity
BARIL, Daniel : « Le point sur la situation des enfants prématurés », in *PetitMonde.com : le magazine web des parents*
http://www.petitmonde.com/iDoc/Article.asp ?id=28380
ELLIOTT, Carl : « A New Way to be Mad », in *Atlantic Monthly*, décembre 2002
http://www.theatlantic.com/doc/prem/200012/madness
GREENE, Brian : « A Theory of Everything ? », in *www.pbs.org*
http://www.pbs.org/wgbh/nova/elegant/everything.html
GROLEAU, Rick : « Imagining Other Dimensions », in *www.pbs.org*
http://www.pbs.org/wgbh/nova/elegant/dimensions.html
HODGES, Andrew : *The Alan Turing Home Page*
http://www.turing.org.uk/turing/
LOGAN, Robert : « The Extended Mind : Understanding Language and Thought in Terms of Complexity »
http://www.upscale.utoronto.ca/GeneralInterest/Logan/Extended

PANTOREAU, Pascale : « Qui sont les grands prématurés ? », in *PetitMonde.com : Le magazine web des parents*
http://www.petitmonde.com/iDoc/Article.asp ?id=25226
RAUCH, Jonathan : « The World on a Screen », in *Jewish World Review*, 8 mai 2002
http://www.jewishworldreview.com/jonathan/rauch050802.asp
REYNOLDS, Craig : « Boids : Background and Updates »
http://www.red3d.com/cwr/boids/
VAJK, Peter : *The Nascent Science of Ideas and their Transmission, An Essay Presented to the Outlook Club*
http://www.evolutionzone.com/kulturezone/memetics/memetics.txt

TABLE

Composition et mise en page

NORD COMPO
multimédia

CET OUVRAGE
A ÉTÉ ACHEVÉ D'IMPRIMER
SUR ROTO-PAGE
PAR L'IMPRIMERIE FLOCH
À MAYENNE EN DÉCEMBRE 2007

N° d'édition : L.01EHBN000198.N001. N° d'impression : 69964.
Dépôt légal : janvier 2008.
Imprimé en France